Ryan Cunningham

Moderne Militär-Flugzeuge

Jagdflugzeuge, Bomber, Transporter, Aufklärer
und Überwachungsflugzeuge

Titel der Originalausgabe: Modern Military Aircraft

Lektorat: Michael Spilling
Design: Mark Batley
Bildredaktion: Terry Forshaw

1. Auflage der deutschen Ausgabe, 2023

ISBN 978-3-948264-19-2

Ins Deutsche übersetzt von: Rolf Stünkel
Lektorat: Birgit Arnold
Schlussredaktion: Karola Wieland

Druck: Print Consult
Printed in EU

FSC MIX
Papier aus verantwortungsvollen Quellen
FSC® C084279

RYAN CUNNINGHAM

MODERNE MILITÄR FLUGZEUGE

Jagdflugzeuge, Bomber, Transporter, Aufklärer und Überwachungsflugzeuge

WIELAND

Mehrzweck-Kampfflugzeug
Boeing F/A-18F Super Hornet

Inhalt

Anmerkung des Übersetzers:
Alle technischen Daten wurden mit größtmöglicher Sorgfalt geprüft und, sofern erforderlich, in metrische Maße übertragen. Die Daten entsprechen, soweit verfügbar, den Angaben der Hersteller und Betreiber. Geringe Abweichungen zu anderen Quellen sind möglich.

Einleitung

Flugzeuge sind wohl die komplexesten aller heutigen Waffensysteme. Ihre Entwicklung umfasst viele Generationen, von den Anfängen im Ersten Weltkrieg bis zu den hoch effizienten Luftkriegsmitteln unserer Tage. Gerade die relativ geringen Abmessungen der Jagdflugzeuge stellen die Konstrukteure immer wieder vor große Herausforderungen.

Radar, Einsatzsensoren, Waffen (üblicherweise Raketen und Kanonen), Triebwerke und Treibstoff, viel Avionik, Cockpit und Lebenserhaltungssysteme sollen in ein Flugzeug passen, das mit dem richtigen Mix aus Aerodynamik und Werkstoffen die geforderten Flugleistungen erreicht und vom Start über den Luftkampf bis zur Landung sein gesamtes Einsatzspektrum effizient abdeckt – ganz gleichgültig, ob die Heimatbasis an Land oder auf See liegt.

Moderne Kampfflugzeuge lassen sich grob in Generationen einteilen. Dabei gibt es natürlich Ausnahmen, schon weil viele Mid-Life-Upgrades und Verbesserungen der letzten Jahrzehnte die Grenzen verschwimmen lassen. So kann ein in den 1950er-Jahren entwickeltes Kampfflugzeug durchaus ein modernes Radar besitzen, wie Flugzeuge der neuesten Generation.

Dieses Buch verwendet daher zur Klassifizierung der wichtigsten aktu-

Ein Suchoi-Su-57-Tarnkappen-Mehrzweckkampfflugzeug mit Pixeltarnung auf der Flugschau MAKS 2019 in Moskau.

ellen Kampfflugzeuge allgemeinere Generationenbegriffe. Einige Varianten typischer Einsatzmuster, darunter Bomber und Transporter, werden gesondert dargestellt.

Bislang ist nur eine Handvoll Flugzeugtypen der 5. Generation im Einsatz, doch das dürfte sich im Laufe dieses Jahrzehnts ändern. Es sind meist Flugzeuge mit Tarnkappen-Eigenschaften, herausragenden Flugleistungen, integrierten Sensoren, modernen Cockpits und Waffen, oftmals die Wunderwaffe ihrer Luftstreitkräfte. Die meisten Kampfflugzeuge der Welt zählen heute zur 4. Generation und erhalten durch Upgrades oder Weiterentwicklungen oft ähnliche Qualitäten. Sie haben aber nicht die gleichen Tarnkappeneigenschaften und sind anfälliger gegenüber modernen Luftverteidigungssystemen.

Upgrades können aber sogar Jagdflugzeugen der 3. Generation aus dem Kalten Krieg zu Fähigkeiten verhelfen, die denen der 4. Generation nahekommen. So konnten es neuere Versionen der MiG-29 und der Su-27 aus Sowjetzeiten durch kontinuierliche Weiterentwicklung in die nächste Generation schaffen und bis heute in Produktion bleiben.

Jagdflugzeuge (und in geringerem Maße Jagdbomber) bilden das Rückgrat der meisten Luftstreitkräfte. Bomber spielen bei einigen Nationen ebenfalls eine besondere Rolle. Künftige Programme werden den wahlweise auch unbemannten Bombern noch in vielen Jahrzehnten einen Platz sichern.

Neben den reinen Kampfflugzeugen setzen Luftstreitkräfte zur Erfüllung übergeordneter Aufträge ebenso auf Transporter, Aufklärer sowie Überwachungsflugzeuge, egal ob in einem umkämpften Kriegsszenario oder bei einem humanitären Einsatz in Friedenszeiten. In Anbetracht der Vielfalt von Flugzeugtypen moderner Luftstreitkräfte behandeln einige Abschnitte dieses Buches auch eine Auswahl der wichtigsten und leistungsfähigsten Flugzeuge ihrer Kategorien.

Der Eurofighter Typhoon entsteht in europäischer Zusammenarbeit. Er wurde gegen Ende des Kalten Krieges entwickelt, kam aber erst Anfang der 2000er-Jahre zu den Verbänden. Diese italienischen F-2000 nahmen am ersten operativen Einsatz des Typs teil, der die Luftraumüberwachung über Turin während der Olympischen Winterspiele 2006 übernahm.

MEHRZWECK-KAMPFFLUGZEUGE DER 4. GENERATION

Flugzeuge der 4. Generation erschienen erstmals gegen Ende des Kalten Krieges. Ihre Technologie hatte im Vergleich zu ihren direkten Vorgängern gewaltige Fortschritte gemacht und bot Fly-by-Wire, Verbundwerkstoffe, die erste Generation echter Digital-Avionik und moderne Sensoren als Standardausstattung. Einige frühe Vertreter der 4. Generation wurden weiter verbessert und gehören heute zur Generation 4.5. Andere Flugzeuge sind mit bescheideneren Mid-Life-Upgrades weiter in Betrieb.

DIESES KAPITEL BEHANDELT FOLGENDE FLUGZEUGE:

- Dassault Mirage 2000
- Grumman F-14 Tomcat
- Northrop F-5E/F Tiger II
- Mikojan MiG-29
- Mikojan MiG-31
- Suchoi Su-27
- AIDC F-CK-1 Ching-Kuo

Frontansicht einer Mirage 2000C der französischen Luftwaffe. Sie nähert sich einem KC-135R Stratotanker der US-Luftwaffe, um während eines NATO-Luftüberwachungseinsatzes Kraftstoff zu übernehmen.

Dassault Mirage 2000

Das französische Unternehmen Dassault entwickelte die Mirage 2000 als Nachfolger der Mirage F1. Es bedeutete die Rückkehr des bei der Mirage-III-Familie so erfolgreichen Deltaflügels, jetzt mit Fly-by-Wire für noch mehr Wendigkeit.

Nach der offiziellen Bedarfsfeststellung 1976 startete Dassault ein Schwerpunktprogramm für den neuen Abfangjäger, um ihn Anfang der 1980er-Jahre in Betrieb zu nehmen. Der erste Prototyp flog am 10. März 1978.

Die französische Luftwaffe war Hauptabnehmer der Mirage 2000 und erhielt neben der einsitzigen Luftverteidigungsvariante Mirage 2000C zwei zweisitzige Bodenangriffsversionen, die Mirage 2000N für Nuklearangriffe und die konventionell bewaffnete Mirage 2000D.

Die ersten Serien-Mirage-2000C wurden 1983 an die französische Luftwaffe ausgeliefert und im folgenden Jahr in Dienst gestellt. Die Flotte umfasste 124 einsitzige Mirage 2000C und 30 zweisitzige Mirage 2000B Trainer. Die Mirage 2000C hatte anfangs ein Snecma-M53-5-Triebwerk und RDM-Radar. Ab dem 38. Flugzeug wurden das stärkere M53-P2 und ein verbessertes RDI-Radar serienmäßig.

1987 wurde die zweisitzige Mirage 2000N in Dienst gestellt. Sie erhielt ein neues Waffen- und Navigationssystem mit Geländefolgeradar, integrierte Selbstverteidigungsausrüstung und den nuklear bestückten ASMP-Marschflugkörper. Die Mirage 2000N wurde inzwischen von der Rafale abgelöst, die Mirage 2000D ist weiter im Einsatz und erhielt ein überarbeitetes Cockpit mit Hands on Throttle and Stick, Laser-Designator-Pod und leistungsfähigerer Selbstverteidigungsausrüstung.

Ägypten, Griechenland, Indien, Peru und die Vereinigten Arabischen Emirate erteilten Aufträge für eine leicht abge-

MIRAGE 2000C

Abmessungen	Länge 14,36 m Spannweite 9,13 m Höhe 5,20 m
Startgewicht max.	16.500 kg
Antrieb	1 x 95,13 kN (21.386 lb) SNECMA-M53-P2-Turbofan mit Nachbrenner
Höchstgeschwindigkeit	2.334 km/h
Aktionsradius	1.450 km
Dienstgipfelhöhe	17.900 m (58.727 ft)
Besatzung	1 Pilot
Bewaffnung	zwei 30-mm-DEFA-554-Bordkanonen, bis zu 6.300 kg Außenlasten an neun Stationen

Mirage F-2000C
Die brasilianische Luftwaffe betrieb die Mirage 2000 unter der Bezeichnung F-2000 zwischen 2006 und 2013 ausschließlich in der Luftverteidigungsrolle. Sie beschaffte im Rahmen einer Leasingvereinbarung zehn ehemalige französische Mirage 2000C und zwei zweisitzige Mirage 2000B, da eine Entscheidung über die Saab Gripen als Nachfolgemuster noch ausstand.

Mirage 2000N

Die Auslieferung der nuklearwaffenfähigen Mirage 2000N begann 1987. Das Muster wurde im April 1988 in Dienst gestellt. Im Juni 2018 musterte die Armée de l´Air die Mirage 2000N nach 75 ausgelieferten Jägern aus und lagerte die Flugzeuge ein. Heute dient die Rafale zur luftgestützten nuklearen Abschreckung der französischen Luftwaffe.

speckte Exportversion der Mirage 2000B/C. Die Flugzeuge verfügten über M53-P2-Triebwerk und RDM+-Radar, das griechische Flugzeug bekam mit der Exocet-Rakete ein einzigartiges Seezielbekämpfungsmittel. Brasilien erwarb ein Dutzend Mirage 2000C/B der französischen Luftwaffe aus zweiter Hand. Sie dienten während der Aufrüstung brasilianischer F-5 für kurze Zeit als Interims-Luftverteidigungsjäger.

Der Exporterfolg der Basis-Mirage 2000 überzeugte Dassault, das Flugzeug zur Mirage 2000-5 (Dash 5) weiter zu entwickeln. Es bekam neue Avionik mit RDY-Multimode-Radar, MICA-Luft-Luft-Raketen und fünf neuen Cockpit-Displays, darunter ein Weitwinkel-Head-up-Display.

Frankreich brachte einige seiner Mirage 2000C auf den 2000-5F-Standard. Katar und Taiwan beschafften neue Dash 5. Indien entschied sich zur Aufrüstung seiner Mirage 2000 später ebenfalls für den Dash-5-Standard.

Da die Dash 5 zur Luftverteidigung ausgelegt war, brachte Dassault für Luft-Bodeneinsätze die Mirage 2000-5 Mk2 (Mirage 2000-9) mit Präzisionswaffen wie lasergelenkten Bomben auf den Markt. Die Radarausrüstung erhielt den RDY-2-Standard, mit mehr Reichweite und neuen Modi und synthetischer Apertur. Auch die Systeme für die elektronische Kampfführung bekamen Upgrades. Zu den Waffenoptionen gehören das MICA IR, der SCALP-Marschflugkörper und der Exocet. Die aktuelle Version der Mirage 2000, Dash 5 Mk2 (2000-9), wurde in zwei Länder exportiert. Griechenland erwarb neue Mirage 2000-5 Mk2 und aktualisierte zehn seiner früheren Flugzeuge mit SCALP-Marschflugkörpern auf den gleichen Standard. In der Zwischenzeit beschafften die VAE die zweifellos modernste Variante 2000-9 mit dem integrierten, modularen, elektronischen Kampfführungssystem IMEWS, Damocles-Targeting-Pod und FLIR-Infrarotsensor. Die 2000-9 ist mit dem Black-Shaheen-Derivat des SCALP-Marschflugkörpers bewaffnet.

Eine französische Mirage 2000C rollt am Militärflugplatz Bodø in Norwegen. Die markanten Lufteinlässe des Turbofan-Triebwerks SNECMA M53-P2 sind ein gutes Erkennungsmerkmal.

Grumman F-14 Tomcat 

Die Tomcat ist noch immer das bekannteste trägergestützte Luftverteidigungsflugzeug der US Navy. Sie wird heute nur noch im Iran eingesetzt, dem einzigen Exportland dieses Typs.

F-14A Tomcat

Die Luftwaffe der Islamischen Republik Iran (IRIAF) ist der letzte Betreiber der F-14. Drei Staffeln nutzen die noch einsatzfähigen von insgesamt 79 gelieferten Flugzeugen. Es sind die 81., 82. und 83. Tactical Fighter Squadron (TFS), alle stationiert auf dem Flugplatz Isfahan im Zentraliran.

Die Imperial Iranian Air Force (IIAF), wie sie damals hieß, erhielt vor der Islamischen Revolution von 1979 79 Exemplare der F-14A. Ihre Nachfolgerin, die Islamic Republic of Iran Air Force (IRIAF), schätzt ihre Tomcats sehr. Auch wenn die F-14-Flotte im Laufe der Jahre unter einem Mangel an Ersatzteilen und Wartungsproblemen gelitten hat, investierte der Iran viel in die Instandhaltung und startete mit wechselndem Erfolg eigene Verbesserungsprogramme.

F-14A TOMCAT

Abmessungen	Länge 19,10 m Spannweite 19,55 m ausgeschwenkt im Flug 11,64 m eingeschwenkt im Flug Höhe 4,88 m
Startgewicht max.	17.000 kg
Antrieb	2 x 92,9 kN (20.885 lb) Pratt-&-Whitney-TF-30P-414A-Turbofan mit Nachbrenner
Höchstgeschwindigkeit	2.517 km/h
Aktionsradius	1.167 km
Dienstgipfelhöhe	17.070 m (56.003 ft)
Besatzung	1 Pilot, 1 Radar Intercept Officer (Radar-Abfang-Offizier, RIO)
Bewaffnung	eine sechsläufige 20-mm-M61A1-Vulcan-Gatling-Kanone, bis zu 6.600 kg Bewaffnung und Kraftstofftanks an zehn Außenstationen

Die F-14-Lieferungen an die IIAF begannen im Jahr 1976. Zur Zeit der Revolution waren drei Einsatzstaffeln und eine Trainingseinheit aktiv. Sofort mit Beginn des Iran-Irak-Krieges im September 1980 standen die jetzt der IRIAF angehörenden Tomcats im Einsatz. Sie nutzten infrarotgelenkte AIM-9J Sidewinder, radargesteuerte AIM-7E Sparrow und die Langstrecken-Rakete AIM-54A Phoenix Air sehr wirkungsvoll. Nach 64 bestätigten Luftkampfsiegen befand sich die iranische Tomcat-Flotte bei Kriegsende 1988 in schlechtem Zustand. Nur etwa 30 Exemplare waren noch flugfähig.

In den 1990er-Jahren hatte sich die Zahl der flugfähigen Tomcats wieder verdoppelt. Mit den Embargos der folgenden Jahre nahm die Einsatzfähigkeit wieder ab und eine Staffel wurde aufgelöst.

Obwohl der Iran eigene Ersatzteile zur Erhaltung der Einsatzbereitschaft seiner F-14 herstellte, ist das Radar- und Feuerleitsystem AN/AWG-9 bei vielen Flugzeugen nicht mehr voll einsatzklar. Der Versuch, eine luftgestützte Version der Boden-Luft-Rakete MIM-23B einzurüsten, scheint nur begrenzt erfolgreich gewesen zu sein. Einige Flugzeuge erhielten Träger für Freifallbomben der Mk-80-Serie und glichen damit weitgehend den F-14 Bombcat der US Navy.

Northrop F-5E/F Tiger II

Die F-5E/F war einer der erfolgreichsten US-Exportjäger des Kalten Krieges und dient noch heute bei einer abnehmenden Zahl von Luftwaffen. Dieser Einsatzstatus belegt die Eignung für Avionik-, Aerodynamik- und Waffen-Upgrades.

Die einsitzige F-5E war eine verbesserte Version der F-5A/B Freedom Fighter und machte am 11. August 1972 ihren Erstflug. Northrop baute über 790 F-5E und 140 zweisitzige F-5F sowie zwölf RF-5E-Aufklärer. Weitere 90 Exemplare wurden in Lizenz in der Schweiz gebaut, die die F-5 noch in der Luftverteidigung einsetzt. Heute nutzen die US Navy und das Marine Corps 44 ehemalige Schweizer F-5E (umbenannt in F-5N) und F-5F als Gegner im Training, da sie sich ideal zur Simulation von Mustern wie der MiG-21 eignen. Weitere Tiger II fliegen ähnliche Einsätze für private Auftragnehmer.

Die F-5E/F ist weiterhin der Haupteinsatztyp der brasilianischen Luftwaffe und dient ebenfalls in Chile. Die brasilianischen Jets wurden mit Leonardo-Grifo-F-Radar, Rafael-Derby-BVR-Luft-Luft-Raketen und Python-3- und -4-Raketen mit kurzer Reichweite auf den F-5EM/FM-Standard aufgerüstet. Chiles F-5E Tiger III sind mit Elta EL/M-2032B Multimode-Feuerleitradar, Derby- und Python-Raketen, Elop-Head-Up-Display, Hands-on-Throttle-and-Stick-Steuerung und Elbit-Display-And-Sight-Helm (DASH) ähnlich ausgestattet. Mexiko und Honduras nutzen ebenfalls noch eine Handvoll F-5E/F, die allerdings keine signifikanten Upgrades erhielten.

Bahrain und der Iran sind die letzten F-5E/F-Betreiber im Nahen Osten. Die Luftwaffe der Islamischen Republik Iran verfügt über die Reste der einst zweitgrößten F-5-Flotte der Welt. Mehrere Flugzeuge durchliefen dort Modifikationsprogramme, einige erhielten dabei zwei Seitenflossen.

Kenias Tiger II bleiben in begrenzter Zahl einsatzbereit, auch die F-5E/F der Königlich Marokkanischen Luftwaffe wurden mit Grifo-F/X-Plus-Radar, neuen elektronischen Kriegführungssystemen und präzisionsgelenkten Bomben modernisiert. Der letzte afrikanische Betreiber ist Tunesien, dessen Flugzeuge von Northrop Grumman auf den neuesten Stand gebracht wurden.

Größter verbleibender Betreiber der F-5E/F mit rund 120 Flugzeugen ist Südkorea, dessen Jets bei Korea Aerospace Industries ein Lebensdauer-Verlängerungsprogramm erhielten. Die F-5E/F ist auch bei der Luftwaffe der Republik China in Taiwan im Einsatz. Sie nutzt den Typ hauptsächlich für die Jagdflieger-Basisausbildung sowie einzelne RF-5E-Tigereye-Varianten zur Aufklärung. Taiwan ist der dritte asiatische Betreiber dieses Typs. Auch seine Jets wurden mit einem neuen Cockpit, Systemen zur elektronischen Kampfführung, DASH- und Python-4-Raketen umfassend modernisiert.

F-5EM TIGER II

Abmessungen	Länge 14,45 m Spannweite 8,13 m Höhe 4,08 m
Startgewicht max.	11.187 kg
Antrieb	2 x 22,24 kN (5.000 lb) General-Electric-J85-GE-21C-Turbostrahltriebwerk mit Nachbrenner
Höchstgeschwindigkeit	1.743 km/h
Aktionsradius	1.400 km
Dienstgipfelhöhe	15.790 m (51.804 ft)
Besatzung	1 Pilot
Bewaffnung	Python-4/5- und Derby-BVR-Luft-Luft-Raketen

Northrop F-5EM Tiger II

Die brasilianische Luftwaffe betreibt einige der weltweit am stärksten modernisierten Tiger II. Das Upgrade umfasst im Wesentlichen das Leonardo-Grifo-Puls-Doppler-Radar mit Multi-Aircraft Targeting und das Embraer-Datalink für den Informationsaustausch mit anderen F-5 einer Formation.

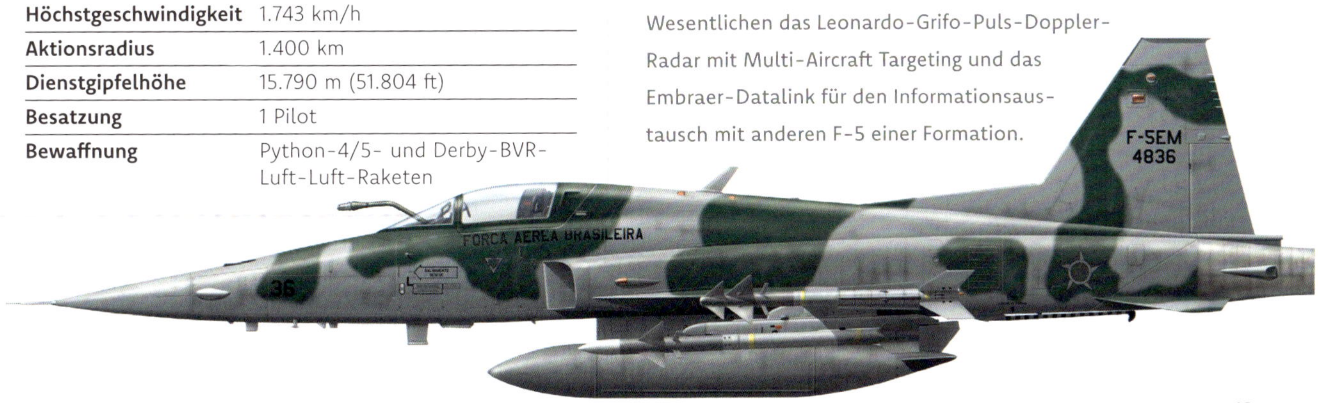

Mikojan MiG-29

Die erste Version der MiG-29 spielt heute bei den russischen Luft- und Weltraumkräften nur noch eine untergeordnete Rolle. Das Jagdflugzeug ist aber weiterhin weltweit im Einsatz.

Die MiG-29 dient unter der westlichen Bezeichnung Fulcrum mehreren NATO-Luftwaffen. Eine Reihe von Upgrade-Programmen soll sicherstellen, dass sie auf absehbare Zeit im Einsatz bleibt.

Die Fulcrum wurde in den frühen 1970er-Jahren entworfen. Die sowjetische Luftwaffe sollte den Jäger als leichtes Gegenstück zur schweren Su-27 übernehmen. Der erste MiG-29-Prototyp flog am 6. Oktober 1977. Während der Entwicklung wurden 14 Flugzeuge fertiggestellt, 1979 gingen die ersten Vorserienflugzeuge in die Erprobung. Das erste Serienflugzeug flog 1982.

In ihrer einsitzigen Jäger-Grundversion besaß die MiG-29 Fulcrum-A (Werksbezeichnung Izdeliye 9.12) zwei RD-33-Turbotriebwerke mit Nachbrenner und ein Cockpit mit Analoganzeigen. Die teils aus Verbundwerkstoffen gebaute Zelle verfügte über große, ineinander übergehende Rumpf- und Flügelflächen und Flügelvorderkanten-Wurzelverlängerungen (Strakes), die für beträchtlichen Auftrieb sorgten. Anders als die Su-27 besaß das Flugzeug zunächst kein Fly-by-Wire. Ein ungewöhnliches Merkmal waren die zusätzlichen Lufteinlässe über den Flügelwurzeln. Sie kamen beim Betrieb auf Feldflugplätzen zum Einsatz. Dabei wurden die Haupttriebwerkseinlässe durch große Türen verschlossen, um Schäden durch Fremdkörper zu vermeiden.

Das Feuerleitsystem basierte auf einem N019-Puls-Doppler-Radar mit Lookdown-/Shootdown-Fähigkeit. Es war mit einem IRST (Infrared Search and Track)-System gekoppelt, dessen Sensor vor dem Cockpit angebracht war und die Zielerfassung und Navigation ermöglichte. Der Pilot verfügte zur Zielzuweisung über ein Helmvisier. Er konnte mit dem Radar zehn Ziele gleichzeitig verfolgen und eines angreifen, während er nach weiteren suchte.

Die einsitzige MiG-29 wurde in Moskau gebaut, ein weiteres Werk in Gorki (heute Nischni Nowgorod) übernahm die Produktion der zweisitzigen MiG-29UB Fulcrum-B. Diese war mit einer 30-mm-GSh-30-1-Kanone, Unterflügelstationen und IRST begrenzt kampffähig, hatte aber kein Radar.

Die Standardbewaffnung umfasste neben einer Kanone mit 150 Schuss Munition zwei halbaktive, radargelenkte Luft-Luft-Raketen mittlerer Reichweite vom Typ R-27R (AA-10 Alamo) und bis zu vier R-73 (AA-11 Archer) oder infrarotgelenkte R-60M (AA-8 Aphid) mit kurzer Reichweite. Zu den Luft-Boden-Waffen gehörten ungelenkte Bomben und Raketen, bei sowjetischen Flugzeugen auch taktische Atombomben.

Die nächste wichtige Serienversion der Sowjetzeit war die Izdeliye 9.13. Sie trug noch die Bezeichnung MiG-29, dazu aber den westlichen Namen Fulcrum-C. Der Hauptunterschied zum Vorgänger war neben einem neuen Störsender der größere interne Kraftstoffvorrat mit optionalen Unterflügeltanks, die für eine deutlich bessere Reichweite sorgten.

Die Fulcrum-C wurde zur Hauptserienversion. Kurz vor dem Zusammenbruch der Sowjetunion kam die MiG-29S (9.13S) hinzu. Sie bot ein moderneres N019M Topaz-Radar mit mehr Reichweite, das mit der Mittelstrecken-Luft-Luft-Rakete R-77 mit aktiver Radarführung (AA-12 Adder) kompatibel war. Bis zur Einstellung der Produktion im Jahr 1993 entstand davon nur eine kleine Serie. Insgesamt wurden mehr als 1.300 Fulcrums aller Varianten gebaut.

Gleich nach dem Zerfall der Sowjetunion bemühte sich Mikojan, modernere Versionen der MiG-29 auf dem Exportmarkt anzubieten. Die auf den Grundmustern 9.12 und 9.13 basierenden MiG-29SD und MiG-29SE verfügten über für den Export optimierte N019ME-Radargeräte, R-77-Luft-Luft-Raketen und teils westliche Avionik. Zu den Kunden zählten Eritrea, Myanmar, Peru und der Sudan. Durch Anbau einer Bordbetankungssonde bei der MiG-29SD entstand die nur nach Malaysia gelieferte Spezialversion MiG-29N.

Noch weiter entwickelt war die MiG-29SM. Sie erhielt ein N019MP-Radar mit Luft-Boden-Fähigkeit und konnte eine Reihe präzisionsgelenkter Waffen tragen. Peruanische und, Berichten zufolge, syrische MiG-29 wurden auf diesen Standard gerüstet.

Durch umfassende Überarbeitung des Grundentwurfs entstanden die MiG-29SMT (Izdeliye 9.17) und die zweisitzige

MiG-29SE

Die Varianten MiG-29SD und MiG-29SE entstanden als Exportderivate der 9.12 und 9.13. Sie verfügen über das N019ME-Radar, BVR-Luft-Luft-Raketen vom Typ R-77 sowie einige westliche Navigations- und Kommunikationsgeräte. Der Sudan erhielt im Jahr 2004 eine Charge von zehn MiG-29SD und zwei MiG-29UB.

MIG-29SE FULCRUM-C

Abmessungen	Länge 17,32 m Spannweite 11,36 m Höhe 4,73 m
Startgewicht max.	19.700 kg
Antrieb	2 x 81,4 kN (18.300 lb) Klimov-RD-33-Turbofan mit Nachbrenner
Höchstgeschwindigkeit	2.465 km/h
Aktionsradius	1.500 km
Dienstgipfelhöhe	18.500 m (60.695 ft)
Besatzung	1 Pilot
Bewaffnung	eine 30-mm-GSch-301-Bordkanone, bis zu 4.000 kg Außenlasten an acht Stationen

MiG-29UBT (Izdeliye 9.52). Beide erhielten einen großen Standardtank am Flugzeugrücken und eine komplett überarbeitete Avionik mit N019MP-Radar und Luft-Boden-Modi, Glascockpit mit zwei Multifunktionsdisplays und HOTAS (Hands on Throttle and Stick). Eine Bordbetankungssonde war inzwischen standardmäßig eingebaut. Für die Versionen 9.17 und 9.52 fanden sich nur wenig Interessenten, und ihre Entwicklung kam nie über Prototypen hinaus. Die MiG-29SMT (Izdeliye 9.18) war erfolgreicher. Sie verfügte zwar nicht über den großen Kraftstofftank, dafür aber über moderne Avionik inklusive einer Exportversion des N010M-Radars. Diese Variante wurde in den Jemen verkauft.

Algerien erteilte daraufhin einen Auftrag über eine Neuauflage der MiG-29SMT (Izdeliye 9.19) mit Rücken-Kraftstofftank. Die Flugzeuge wurden jedoch letztendlich nicht abgenommen und an Russland zurückgegeben, das sie dann selbst in Dienst stellte.

Die wahrscheinlich modernste aller nachgerüsteten Fulcrums ist Indiens MiG-29UPG (Izdeliye 9.20). Sie hat einen Dorsaltank ähnlich der Version 9.19, neue 3M-Triebwerke der RD-33-Serie, ein Zhuk-M2E-Radar mit zusätzlichen Modi und ein aktualisiertes IRST. Das Flugzeug hat eine nach indischen Spezifikationen, teils mit indischen Bauteilen hergestellte Ausrüstung für die elektronische Kriegsführung.

MiG-29UPG

Das Flugzeug mit der Seriennummer KBU3123 ist eine aufgerüstete MiG-29UPG der indischen 8 Wing. Indien erteilte einen Auftrag über die Upgrades von 50 einsitzigen MiG-29 und sieben zweisitzigen MiG-29UB. Die Umrüstung der beiden letzten Exemplare begann im September 2019. Danach bestellten die Streitkräfte weitere 21 gebrauchte Jets aus Russland.

MiG-29

Obwohl Bangladesch seine MiG-29-Flotte schon 2002 wegen hoher Betriebskosten zum Verkauf anbot, ist der Typ dort noch immer im Einsatz. Die Luftwaffe von Bangladesch erhielt sechs einsitzige MiG-29-Jäger (9.12B im Nicht-Warschauer-Pakt-Exportstandard) und zwei zweisitzige MiG-29UB-Trainer, die im Jahr 1999 bei der No. 8 Squadron in Dienst gestellt wurden.

Mikojan MiG-31

Die MiG-31 entstand im Kalten Krieg. Sie sollte die nördlichen Regionen der Sowjetunion vor allem vor Marschflugkörpern schützen.

Das MiG-31-Programm wurde 1968 als Ersatz für die MiG-25 Foxbat begonnen. Das neue Flugzeug wies einige Ähnlichkeiten mit seinem Vorgänger auf, zu den Hauptunterschieden gehörten zwei Besatzungsmitglieder im Tandem-Cockpit und ein leistungsstarkes, elektronisch gescanntes Zaslon-Radar, das mehrere Ziele gleichzeitig angreifen konnte. Der erste MiG-25MP-Prototyp flog am 16. September 1975, etwas mehr als ein Jahr später folgte eine erste Serien-MiG-31. Die Auslieferung des ersten MiG-31-Foxhound-A-Flugzeugs begann kurz darauf, und die erste Einheit wurde 1983 in Prawdinsk bei Gorki für einsatzbereit erklärt.

In der Zwischenzeit überarbeitete man die Avionik, nachdem Details des Zaslon-Radars und der R-33 (AA-8 Amos)-Luft-Luft-Rakete mit hoher Reichweite durch Spionage bekannt wurden. Die MiG-31B-Variante erhielt daraufhin das verbesserte Zaslon-A-Radar und modifizierte R-33S-Raketen. Zu den MiG-31- und MiG-31B-Versionen gesellte sich 1989 eine MiG-31DZ-Variante mit Bordbetankungssonde für Langstreckenflüge. In der Zwischenzeit wurden auch ältere Flugzeuge auf den verbesserten MiG-31B-Standard gebracht. So entstand aus MiG-31 oder MiG-31DZ die MiG-31BS.

Gegen Ende der Sowjetzeit waren Arbeiten an zwei noch moderneren Modellen in Gange: der MiG-31D mit Antisatellitenrakete und der MiG-31M Foxhound-B, einer verbesserten Version des ersten Abfangjägers mit Zaslon-M-Radar, zusätzlichem internen Kraftstoff und neuen Luft-Luft-Raketen. Mehrere Erprobungsflugzeuge wurden fertiggestellt, die Flugzeuge gingen aber nicht in Großserie.

Nach dem Untergang der Sowjetunion begann Russland im Rahmen des MiG-31BM-Programms mit einem Mid-Life-Upgrade seiner vorhandenen Foxhounds. Es umfasst ein verbessertes Zaslon-AM-Radar mit mehr Reichweite und der Fähigkeit, 24 Ziele zu verfolgen und sechs davon gleichzeitig anzugreifen. Zu den neuen Waffen gehört die Luft-Luft-

MiG-31DZ

Dieser Foxhound ist eines der wenigen aktiven Exemplare der russischen Luft- und Weltraumkräfte ohne die MiG-31BM-Modernisierung. Bei der RF-95204 handelt es sich um eine MiG-31DZ mit Luftbetankungsausrüstung. Sie gehört zum 764. Jagdfliegerregiment in Bolschoje Savino in der Nähe von Perm. Unter dem Flügel ist eine infrarotgelenkte Langstreckenrakete vom Typ R-40TD (AA-6 Acrid) zu sehen.

MIG-31B

Abmessungen	Länge 22,69 m Spannweite 13,46 m Höhe 6,15 m
Startgewicht max.	46.200 kg
Antrieb	2 x 152,13 kN (34.200 lb) Aviadvigatel/Perm-D-30F-6-Turbofan mit Nachbrenner
Höchstgeschwindigkeit	3.000 km/h
Reichweite	720 km
Dienstgipfelhöhe	20.600 m (67.585 ft)
Besatzung	1 Pilot, 1 Waffensystemoffizier
Bewaffnung	eine sechsläufige 23-mm-GSch-6-23-Bordkanone, vier semiaktive, radargelenkte R-33-Luft-Luft-Raketen unter dem Rumpf, zwei R-40TD-Luft-Luft-Raketen mittlerer Reichweite oder vier R-60M-Luft-Luft-Raketen an Flügelträgern

Ein Mikoyan MiG-31-Abfangjäger bereitet sich auf die Siegesparade 2018 in Russland vor. Auf der Unterseite des Flugzeugs ist eine atomwaffenfähige, luftgestützte ballistische Kinschal-Rakete (Dolch) zu sehen.

Rakete R-37M (AA-13 Axehead) mit sehr großer Reichweite, die ursprünglich für die MiG-31M entwickelt wurde. Der Doppelsitzer erhält neue Flüssigkristalldisplays, Navigations- und Kommunikationsgeräte.

In jüngerer Zeit entwickelte Russland für weitere Einsatzrollen die MiG-31. Die erste Variante, der Abfangjäger MiG-31K, trägt eine ballistische Kinschal-Hyperschallrakete unter dem Rumpf und wurde erstmals während der Siegesparade in Moskau im Jahr 2018 öffentlich gezeigt. Die Kinschal-Rakete entstand aus der Boden-Boden-Rakete Iskander. Sie kann einen nuklearen oder konventionellen Sprengkopf über eine geschätzte Reichweite von mehr als 2.000 Kilometer tragen.

Im Rahmen des Burewestnik-Programms zur Satellitenabwehr hat Russland seine Aufmerksamkeit auch wieder auf eine Anti-Satelliten-Version der MiG-31 gerichtet. Die Burewestnik ist eine große, zweistufige Feststoffrakete, die unter dem Rumpf des Abfangjägers getragen wird. Sie wird vermutlich kleine Abfangsatelliten in die Umlaufbahn bringen, die ihrerseits gegnerische Satelliten ausschalten sollen.

Der Foxhound bleibt bei den russischen Luft- und Weltraumkräften und der russischen Marine im Einsatz, die Flugzeuge werden mit dem MiG-31BM-Upgrade-Programm aufgerüstet. Im Jahr 2020 verfügte Russland über etwa 120 einsatzfähige MiG-31BM, eine deutlich kleinere Zahl nicht aufgerüsteter und Dutzende nicht flugfähige Jets. Der einzige ausländische Betreiber ist Kasachstan, das nach dem Zusammenbruch der Sowjetunion die Flugzeuge auf seinem Territorium übernahm.

MiG-31BM

RF-92385 ist eine aufgerüstete MiG-31BM vom 3958. Luftwaffenstützpunkt in Savasleika, einem langjährigen Foxhound-Einsatzort. Im Vergleich zu früheren Varianten verfügt die MiG-31BM über Unterflügel-Waffenstationen für die Kurzstreckenraketen R-73 (AA-11 Archer), die die älteren R-40 und R-60 ersetzten.

Suchoi Su-27 

Die heutige, so erfolgreiche Flanker-Serie von Kampfflugzeugen begann mit der Su-27, einem einsitzigen Langstrecken-Luftüberlegenheitsjäger. Die Modelle Su-30, Su-33, Su-34 und Su-35 werden später noch separat beschrieben.

Die Arbeiten an der Su-27 begannen im Rahmen des 1969 gestarteten sowjetischen Programms für ein zukünftiges, taktisches Kampfflugzeug (Perspektivnyi Frontovoi Istrebitel), bei dem 1971 Suchois T-10-Design ausgewählt wurde. Der erste Prototyp der T-10 machte am 20. Mai 1977 seinen Jungfernflug und erhielt die westliche Bezeichnung Flanker-A. Nach dem Bau von sieben Exemplaren wurde entschieden, den Entwurf gründlich zu überarbeiten.

Die so entstandene T-10S machte im April 1981 den Erstflug. Das Flugzeug war eine Ganzmetallkonstruktion mit breitem, übergangslosem Rumpf-/Flügelmittelteil ähnlich dem der MiG-29. Zwillings-Bauchflossen ergänzten das doppelte Seitenleitwerk. Zwei AL-31F-Turbofans mit Nachbrenner dienten als Triebwerke, und der beträchtliche Kraftstoffvorrat in den Innen- und Heckflossentanks sorgte für eine sehr respektable Reichweite. Ein markanter hinterer Ausleger zwischen den Triebwerken fasste weiteren Kraftstoff, Täuschkörper-Behälter und einen Bremsschirm. Ein analoges Fly-by-Wire machte die Su-27 auch bei extremen Manövern steuerbar.

Die Produktion der ersten einsitzigen Su-27 Flanker-B begann 1982 und wurde später um die zweisitzige Su-27UB Flanker-C-Kampftrainer erweitert. Die Einsitzer entstanden im fernöstlichen Komsomolsk am Amur, fast alle Zweisitzer in Irkutsk.

Die Grundversion der Su-27 hat ein konventionelles Analog-Cockpit und eine 30-mm-GSh-301-Kanone. Zehn Außenträger können zusätzliche Waffen aufnehmen. In der Haupteinsatzrolle Luft-Luft umfasst die maximale Waffenlast sechs R-27 (AA-10 Alamo)-Luft-Luft-Raketen mittlerer Reichweite plus vier R-73 (AA-11 Archer)-Infrarotraketen kurzer Reichweite. Die Alamos sind semi-aktiv/radargeführt oder infrarotgelenkt, beide Varianten können erhöhte Reichweite haben. Luft-Boden-Missionen waren für die erste Su-27 eher

SU-27P FLANKER-B

Abmessungen	Länge 21,94 m Spannweite 14,70 m Höhe 5,93 m
Startgewicht max.	30.450 kg
Antrieb	2 x 122,58 kN (27.557 lb) Saturn-AL-31F-Turbofan mit Nachbrenner
Höchstgeschwindigkeit	2.496 km/h
Aktionsradius	1.340 km
Dienstgipfelhöhe	18.500 m (60.700 ft)
Besatzung	1 Pilot
Bewaffnung	eine 30-mm-GSch-301-Bordkanone, bis zu 4.400 kg Außenlasten an zehn Stationen

Su-27P

RF-92407 ist einer der noch existierenden Su-27P-Abfangjäger der russischen Luft- und Weltraumkräfte. Er wurde in der ursprünglichen Luftverteidigungsversion ausgeliefert und anschließend nicht wesentlich aufgerüstet. Da die Su-27P-Untervariante für die sowjetischen Luftverteidigungskräfte bestimmt war, konnte sie weder Luft-Boden-Raketen noch Bomben tragen.

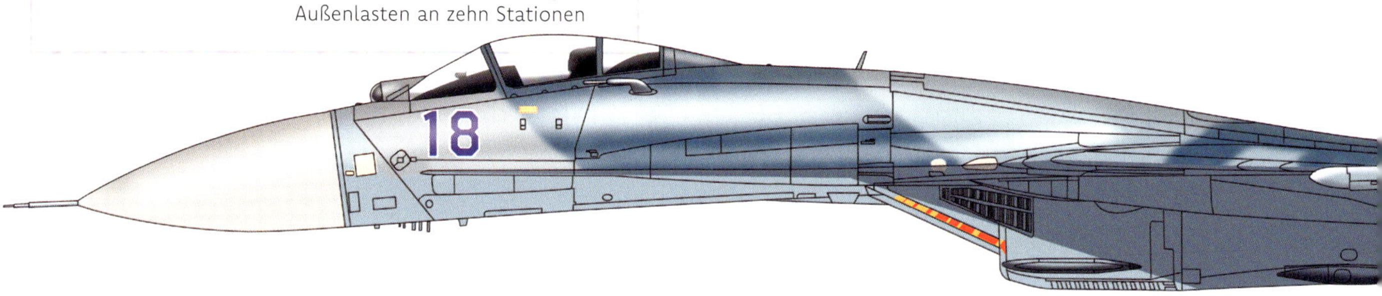

Su-27SK

Die Vietnamesischen Luftstreitkräfte sind ein engagierter Flanker-Betreiber. Diese Su-27SK ist eines der früh erworbenen Flugzeuge und dient beim 925. Jagdfliegerregiment. Vietnam beschaffte Mitte der 1990er-Jahre sieben einsitzige Su-27SK und fünf zweisitzige Su-27UBK, gefolgt von 36, in mehreren Chargen gelieferten moderneren Mehrzweck-Jägern Su-30MK2V.

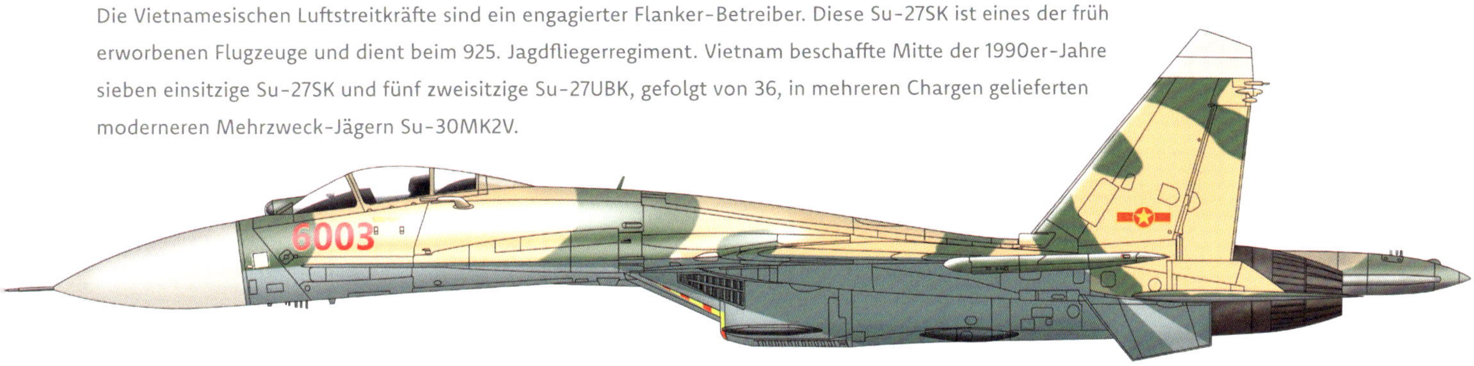

zweitrangig, auch wenn sie verschiedene Kombinationen von ungelenkten Bomben und Raketen tragen konnte. Zielauffassung und Waffensteuerung laufen über ein Feuerleitsystem mit N001-Puls-Doppler-Lookdown-/Shootdown-Radar, IRST (Infrared Search and Track)-System und am Helm montiertem Visier. Das Radar hat eine Suchreichweite von etwa 85 bis 100 Kilometer.

Im Kalten Krieg gab es keine Su-27-Exporte. Nach dem Untergang der Sowjetunion kaufte China als erster ausländischer Kunde die Exportvariante Su-27SK und die zweisitzige Su-27UBK (Chinas J-11 und nachfolgende Entwicklungen werden separat besprochen).

In der postsowjetischen Ära gab es einige Bemühungen, die Grundversion der Su-27 aufzurüsten. So entstand die Su-27SKM, ein weiterer Exportjäger mit modernerem Feuerleitsystem. Für Russland lag der Schwerpunkt auf Mid-Life-Upgrades in Betrieb befindlicher Flanker-B. Sie führten zunächst zur Su-27SM mit neuem Feuerleitsystem und überarbeitetem Cockpit mit zwei Multifunktionsdisplays. Als nächstes entstand die Su-27SM (3) mit Verbesserungen wie den R-77 (AA-12 Adder)-Aktivradar-Luft-Luft-Raketen. Diese Variante wurde durch Upgrades für Russland in kleiner Stückzahl produziert.

Neben ehemaligen Sowjetstaaten als Erben der Su-27 zählen Angola, Eritrea, Äthiopien, Indonesien (als einziger Kunde für die Su-27SKM-Variante) und Vietnam zu den Exportkunden. Einige dieser Betreiber erhielten dabei überschüssige Flugzeuge aus ehemaligen sowjetischen Beständen.

Eine Suchoi Su-27 Flanker der ukrainischen Luftwaffe im Jahr 2017 beim Royal International Air Tattoo auf der Basis RAF Fairford (Großbritannien).

AIDC F-CK-1 Ching-Kuo

Die Arbeiten an Taiwans erstem Kampfflugzeug begannen in den frühen 1980er-Jahren, als die Entscheidung für den Ersatz der Northrop F-5 und Lockheed F-104 der Republic of China Air Force (ROCAF) fiel.

Das Projekt Indigenous Defense Fighter (IDF) wurde 1982 genehmigt, und das Aerospace Industry Development Center (AIDC) übernahm die Leitung. Das anspruchsvolle Programm wurde bald in vier separate Entwicklungsbereiche geteilt: für die Flugzeugzelle (unterstützt von General Dynamics), die Triebwerke (Garrett), die Avionik (General Electric, Westinghouse und weitere) und die Luft-Luft-Raketen.

Vier Prototypen des F-CK-1 wurden fertiggestellt. CK steht für Ching-Kuo, den Namen des ehemaligen taiwanesischen Präsidenten. Der Erstflug fand am 28. Mai 1989 statt. Zwischen 1992 und 1993 wurden zehn Vorserienflugzeuge zur Erprobung ausgeliefert.

Die ROCAF plante zwischenzeitlich die Beschaffung von bis zu 250 F-CK-1 zur Erneuerung ihrer Jägerflotte. Nachdem die Vereinigten Staaten Anfang der 1990er-Jahre Exporte von F-16A/B nach Taiwan genehmigten, wurde die Zahl auf 130 reduziert.

Die ersten Serienmodelle, einsitzige F-CK-1A und zweisitzige F-CK-1B, ersetzten 1992 auf der Ching Chuan Kang Air Base in Taichung alternde F-104. Die F-CK-1 verfügte als primäre Luft-Luft-Bewaffnung neben der sechsläufigen 20-Millimeter-M61A1-Vulcan-Rotationskanone über die einheimischen Tien Chien 2 (TC-2)-Raketen mittlerer Reichweite mit aktivem Radar-Suchkopf, von denen zwei im Tandem unter dem Rumpf montiert werden konnten. Als Ergänzung dienten TC-1-Infrarotraketen kurzer Reichweite oder die US-amerikanische AIM-9P-Sidewinder.

Die F-CK-1 diente wegen der relativ leistungsschwachen F125-Turbofans zunächst meist der Luftverteidigung in niedrigen Flughöhen. Die Vereinigten Staaten waren damals noch nicht bereit, stärkere Triebwerke zu liefern. Taiwan bemühte sich, den Kampfwert auf andere Weise zu steigern. So erhielt das Flugzeug bald einen Radarwarnempfänger.

Eine umfassendere Modernisierung begann in den frühen 2000er-Jahren und geschah in zwei Phasen. Zunächst wurden die Avionik und das Cockpit, die Bordrechner, das Radar und das IFF (Identification Friend or Foe) überarbeitet. In der zweiten Phase kamen die Waffen und Außenlasten an die Reihe, darunter auch neue Standard-Conformal Fuel Tanks (CFT). Lockheed Martin unterstützte die Arbeiten, und der erste Prototyp mit dem Mid-Life-Upgrade machte im Oktober 2006 den Erstflug. Frühe Erprobungen ergaben,

F-CK-1D

Die zweisitzige Ching-Kuo mit der Seriennummer 1624 gehört zur 1. Taktischen Jagdfliegergruppe des 1. Taktischen Jagdgeschwaders auf der Tainan Air Base. Dieser Jet ist mit dem einheimischen Marschflugkörper Wan Chien bewaffnet. Das 1. TFG dient der Umschulung auf den Jäger.

F-CK-1C
Die einsitzige IDF Ching-Kuo mit der Seriennummer 1455 gehört zur 3. Taktischen Jagdfliegergruppe des 1. Taktischen Jagdgeschwaders auf der Tainan Air Base. Dieses Flugzeug trägt Abwurftanks und an den Flügelspitzen AIM-9P Sidewinder-Raketen.

F-CK-1C

Abmessungen	Länge 14,21 m Spannweite 8,53 m Höhe 4,42 m
Startgewicht max.	12.247 kg
Antrieb	2 x 42,28 kN (9.504 lb) ITEC-(Garrett/AIDC)-TFE-1042-70-(F125)-Turbofan mit Nachbrenner
Höchstgeschwindigkeit	2.220 km/h
Aktionsradius	1.100 km
Dienstgipfelhöhe	16.760 m (55.000 ft)
Besatzung	1 Pilot
Bewaffnung	eine 20-mm-M61A1-Vulcan-Gatling-Kanone, üblicherweise zwei Tien-Chien-2- und zwei TC-1-Luft-Luft-Raketen oder Luft-Boden-Bewaffnung

dass die Außentanks für den begrenzten Triebwerksschub zu schwer waren. Sie wurden daraufhin wieder aus dem Programm gestrichen.

Die ROCAF führt die umgerüsteten Jets unter den Bezeichnungen F-CK-1C (einsitzig) und F-CK-1D (zweisitzig). Sie verfügen über drei statt bisher zwei Multifunktionsdisplays im Cockpit, einen neuen Flight Control Computer und ein überarbeitetes GD-53 Golden Dragon-Radar mit zusätzlichen Betriebsmodi. Alle älteren Flugzeuge wurden inzwischen im Rahmen des so genannten Hsiang-Zhan-Programms auf den neuen Stand umgerüstet. Die letzten beiden Flugzeuge kehrten Ende 2017 zu ihren Einheiten zurück.

Zu den wichtigsten Vorzügen der F-CK-1C/D gehört der Standoff-Angriff auf große Entfernungen mit dem Marschflugkörper Wan Chien. Er hat etwa 400 Kilometer Reichweite und trägt einen Sprengkopf mit Submunition. Der umgerüstete Jäger kann auch vier TC-2-Luft-Luft-Raketen tragen, darunter die Version TC-2C mit größerer Reichweite.

Ein Mehrzweckkampfflugzeug vom Typ AIDC F-CK-1D Ching-Kuo hebt im Juni 2020 in Taichung (Taiwan) ab.

MEHRZWECK-KAMPFFLUGZEUGE DER GENERATION 4.5

An der Spitze der meisten großen Luftstreitkräfte stehen heute Jagdflugzeuge der Generation 4.5, auch bekannt als Generation 4+ oder 4++. Sie besitzen Merkmale der 5. Generation, insbesondere was ihre Avionik und Waffenoptionen angeht. Mit deren Tarnkappenfähigkeit und Flugleistungen können sie allerdings nicht mithalten.

DIESES KAPITEL BEHANDELT FOLGENDE FLUGZEUGE:

- Eurofighter Typhoon
- Saab JAS 39 Gripen
- Dassault Rafale
- Boeing F-15 Eagle
- Lockheed Martin F-16 Fighting Falcon
- Boeing F/A-18 Hornet und Super Hornet
- Mikojan MiG-29K und MiG-35
- Suchoi Su-30
- Suchoi Su-33 und Shenyang J-15
- Suchoi Su-35
- Chengdu J-10
- Shenyang J-11 und J-16
- Mitsubishi F-2
- PAC JF-17 Thunder
- HAL LCA Tejas

Eine Dassault Rafale rollt 2013 zur Flugvorführung auf der Aero India Luftfahrtschau. Die Auslieferung von 36 französischen Rafales an die indische Luftwaffe begann im Juli 2020.

Eurofighter Typhoon

Das europäische Typhoon-Produkt entstand in Zusammenarbeit Deutschlands, Italiens, Spaniens und des Vereinigten Königreichs. Ihr Ziel war ein äußerst leistungsfähiges Kampfflugzeug, einsatzklar Ende der 1990er-Jahre.

Der Typhoon sollte den modernen, seinerzeit in der Sowjetunion entwickelten Varianten der MiG-29 und Su-27 technisch weit überlegen sein. Am Ende des Kalten Krieges verlor das Eurofighter-Programm zwar etwas an Dynamik, doch das Flugzeug ist seit langem zuverlässig im Einsatz, kampferprobt und Objekt lukrativer Exportaufträge.

Die European Fighter Aircraft (EFA)-Initiative war die Urheberin des Typhoon-Programms. Sie untersuchte Charakteristika des zukünftigen Waffensystems und brachte die Entscheidung für eine aerodynamisch instabile Konfiguration mit Canard-Vorflügeln, aktiver Fly-by-Wire-Steuerung, Hands-on-Throttle-Steuerknüppel und modernem Cockpit mit Multifunktionsdisplays. Die Struktur sollte weitgehend aus Kohlefaserverbundwerkstoffen und anderen hoch entwickelten Materialien bestehen.

Ein multinationales Konsortium sollte das Flugzeug bauen, ein anderes die neu entwickelten, in der Verantwortung des Eurojet-Konzerns liegenden EJ200-Turbofan-Triebwerke. 1988 unterzeichneten die Partner einen Vertrag über Entwicklung, Bau und Erprobung von acht Prototypen, von denen zwei Doppelsitzer geplant waren. Prototypen entstanden in allen vier Partnerländern, aber als erster machte der in Deutschland hergestellte DA.1 am 27. März 1994 in Manching seinen Jungfernflug. Inzwischen war das EFA-Programm durch Eurofighter EF2000 ersetzt worden, der Name Typhoon wurde 1998 offiziell eingeführt. Verschiedene Prototypen kamen für Tests der Avionik- und Waffensysteme zum Einsatz. Im Jahr 2003 erfolgte die erste Auslieferung eines Typhoon an ein deutsches Geschwader, was die Luftwaffe zum Typhoon-Erstkunden machte.

Seit Baubeginn erhielt der Typhoon nach und nach weitere Einsatzfähigkeiten. Die Partnernationen beschafften ihre Jets in drei verschiedenen Produktionschargen oder Tranchen. Tranche 1 umfasste 33 Flugzeuge für Deutschland, 28 für Italien, 19 für Spanien, 53 für das Vereinigte Königreich und 15 für Österreich, den ersten Exportkunden des Typhoon. Einige der österreichischen Jets stammten von der deutschen Luftwaffe.

Tranche 2 brachte schrittweise neue Mehrzweckfähigkeiten. Sie umfasste 299 Flugzeuge: 79 für Deutschland, 47 für Italien, 34 für Spanien, 67 für das Vereinigte Königreich sowie 72 für den nächsten Exportkunden Saudi-Arabien. 24 dieser saudischen Flugzeuge stammten aus der britischen Bestellung, die ursprünglich 91 Stück umfasste.

Der nächste Produktionsblock, Tranche 3, wurde später in zwei Teile aufgeteilt. Letztlich wurde aber nur Tranche 3A verwirklicht. Sie umfasste 30 Jets für Deutschland, 21 für Italien, 21 für Spanien und 40 für das Vereinigte Königreich.

Typhoon T3

Die No. 29 Squadron der Royal Air Force dient als britische Typhoon Operational Conversion Unit (Umschulungseinrichtung) und betreibt daher die Mehrheit der Doppelsitzer. Die Einheit ist auf RAF Coningsby in Lincolnshire beheimatet und eine von fünf Typhoon-Staffeln der Basis.

Typhoon FGR4

Die No. IX (Bomber) Squadron musterte im März 2019 seine Tornado GR4 auf dem Stützpunkt RAF Marham aus und entstand als Typhoon-Staffel neu auf der Basis RAF Lossiemouth in Schottland. Diese Einheit hat auch eine Aggressor-Rolle (Feindzieldarstellung) und bietet auf hohem Niveau Training am Gegner.

EF2000

Dieser einsitzige Eurofighter der Luftwaffe trägt ein besonderes Farbschema, das an die NATO-Tiger-Zugehörigkeit des Taktischen Luftwaffengeschwaders 74 in Neuburg (Bayern) erinnern soll. Deutschland verwendet für seine Eurofighter im Gegensatz zu anderen Kunden nicht den Namen Typhoon.

Typhoon

Saudi-Arabien bestellte insgesamt 72 Typhoons, die bei No. 3, No. 10 und No. 80 Squadron im Einsatz sind. Dieser Einsitzer gehört zur No. 10 Squadron auf der King Fahad Air Base in Taif. Seine Waffenoptionen ähneln denen der britischen Jets, inklusive der hier gezeigten AMRAAM- und ASRAAM-Raketen.

Deutschland und Spanien beschlossen inzwischen den Kauf von verbesserten Folgechargen, die in Tranche 4 zusammengefasst sind. Deutschland will 93 weitere Tranche-4-Jets übernehmen. 38 davon sollen die ersten Tranche-1-Flugzeuge der Luftwaffe ersetzen, die nur eine begrenzte Kapazität für Upgrades haben. Die übrigen 55 Typhoons werden einige der noch vorhandenen deutschen Tornado-Jagdbomber/Aufklärer ersetzen.

Die spanische Regierung plant, bis zu 20 ihrer ältesten F/A-18 Hornets durch eine ähnliche Zahl von Typhoons neuesten Standards zu ersetzen. Diese werden über das Captor-E Active Electronic Scanning Array (AESA)-Radar verfügen, das derzeit bei den meisten Jets der Tranche 2 und 3 der Partnernationen eingerüstet ist und bei neuen Exportlieferungen standardmäßig angeboten wird.

Der Typhoon wurde hauptsächlich zur Luftverteidigung eingeführt und übernahm später auch die Luft-Boden-Rolle. Dies geschah überwiegend durch schrittweise Software-Upgrades der Royal Air Force.

So besaßen die Tranche-1-Jets der RAF als erste eine begrenzte Luft-Boden-Fähigkeit. Die Jets verfügten über den Litening-Targeting Pod sowie verbesserte Mensch-Maschine-Schnittstellen und das Link 16 Multifunctional Information Distribution System (MIDS). So ausgestattet, ging das Flugzeug 2011 erstmals in den Kampfeinsatz nach Libyen.

Mit Tranche 2 stand erstmals ein echter Mehrzweckstandard zur Verfügung. Die Flugzeuge erwarben im Rahmen der sogenannten Phase 1 Enhancement (P1E) weitere Luft-Boden-Ausrüstung wie den Litening III Pod, Paveway-IV-Lenkbomben (für die RAF) und GBU-48 Enhanced Paveway II (für andere Nutzernationen). Mit den P1E-Upgrades kann der Typhoon nun Rollentausch (Swing-Role)-Einsätze fliegen, also gleichzeitig in der Luft-Luft- und der Luft-Boden-Rolle operieren.

Als Ersatz für ihre Tornado GR4 hat die Royal Air Force inzwischen P2E-Updates eingeführt. Sie bringen als neue Ausrüstung den Storm-Shadow-Marschflugkörper, die Brimstone-Präzisions-Bodenangriffswaffe, die Meteor-Luft-Luft-BVR-Rakete und das AESA-Radar.

Ermutigt durch den Wandel zum echten Mehrzweckkampfflugzeug, haben sich in der Zwischenzeit weitere Nationen für den Typhoon entschieden. Saudi-Arabien ließ seiner ersten Bestellung einen weiteren Auftrag über 48 Flugzeuge folgen. Alle 72 derzeit aktiven saudischen Typhoons entstanden im Vereinigten Königreich bei BAE Systems. Oman erhielt als nächster Nahost-Kunde zwölf im Jahr 2012 bestellte Exemplare. Zwei weitere Länder der Region, Kuwait und Katar, werden voraussichtlich 28 beziehungsweise 24 Flugzeuge erhalten.

EUROFIGHTER TYPHOON

Abmessungen	Länge 15,96 m Spannweite 10,95 m Höhe 5,28 m
Startgewicht max.	23.500 kg (Einsitzer) 24.098 kg (Zweisitzer)
Antrieb	2 x 90 kN (20.233 lb) Eurojet-EJ200-Mk-101-Turbofan mit Nachbrenner
Höchstgeschwindigkeit	2.495 km/h
Aktionsradius	1.390 km
Dienstgipfelhöhe	16.765 m (55.000 ft)
Besatzung	1 Pilot oder 1 Pilot und 1 Fluglehrer
Bewaffnung	eine 27-mm-Mauser-BK-27-Bordkanone, bis zu 9.000 kg Luft-Luft- und Luft-Boden-Bewaffnung an acht Unterflügelstationen und fünf Stationen unter dem Rumpf

Ein Eurofighter Typhoon der Royal Air Force der No. 3 (F) Squadron feuert im Schießgebiet Aberporth in Cardigan Bay (Wales) eine MBDA-ASRAAM-Rakete auf einen Infrarot-Täuschkörper ab, der von einer Mirach-Zieldrohne geschleppt wird.

Saab JAS 39 Gripen

Schweden begann in den frühen 1980er-Jahren mit der Entwicklung der JAS 39 Gripen. Das neue Kampfflugzeug sollte die Draken und Viggen der schwedischen Luftwaffe ersetzen und, wie die Abkürzung JAS (Jakt, Attack, Spaning) andeutet, in der Jagd-, Jagdbomber- und Aufklärungsrolle fliegen.

Die einstrahlige Gripen wirkt im Vergleich zu anderen Jägern ihrer Generation durch ihre am Computer entwickelte Form und die Miniaturisierung der Systeme besonders kompakt. Ihre geringen Abmessungen sind eine Folge der Forderungen, die Gesamtprogrammkosten zu senken und von Flugplätzen mit begrenzter Ausrüstung operieren zu können. Das Flugzeug kann besonders kurze Start- und Landebahnen nutzen. Es hat voll bewegliche Canardflügel, die auch als aerodynamische Bremsen dienen, und eine Full-Authority-Fly-by-Wire-Steuerung. Das General Electric F404-Turbofan-Triebwerk wird in Schweden unter der Bezeichnung RM12 bei Volvo Flygmotor gebaut.

Die erste Gripen-Bestellung der schwedischen Luftwaffe umfasste 280 Flugzeuge, wurde aber nach dem Ende des Kalten Krieges auf 204 (plus fünf Prototypen) verringert. Nach dem Erstflug des ersten Gripen-Prototyps am 9. Dezember 1988 übernahm die schwedische Luftwaffe drei Tranchen von Jets: Batch 1 mit 29 einsitzigen JAS 39A und einer doppelsitzigen JAS 39B, Batch 2 mit 76 JAS 39A, 14 JAS 39B und 20 einsitzigen JAS 39C und Batch 3 mit 50 JAS 39C und 14 doppelsitzigen JAS 39D.

14 dieser 204 Flugzeuge gingen in die Tschechische Republik, 16 Rümpfe zur Überholung von 14 Gripens wurden nach Ungarn geliefert. Weitere Exportverträge wurden mit Südafrika und Thailand geschlossen. Diese Staaten erwarben 26 beziehungsweise zwölf neue JAS 39C/D.

Die JAS 39C/D sind voll NATO-kompatibel. Sie haben im Gegensatz zur Vorgängerin JAS 39A/B eine modernisierte Avionik mit mehrfarbiger Lagedarstellung auf Großbildschirmen, zeitgemäße Datalink-Ausstattung und zusätzliche Modi für das Radar und die elektronische Kampfführung. Die JAS 39C/D kann neue Waffen einsetzen und besitzt eine Luftbetankungssonde.

Nach dem Upgrade auf den C/D-Standard begann Saab im Rahmen des Programms Gripen Next mit den Arbeiten an der noch leistungsfähigeren Gripen E/F der nächsten Generation. Die resultierende JAS 39E/F sieht von außen kaum anders aus, verfügt jedoch über das neue, stärkere General-Electric-F414-GE-39E-Triebwerk und zwei weitere Rumpfstationen für Zusatztreibstoff und Waffen, außerdem hat sie das Selex ES-05 Raven Active Electronic Scanning Array

JAS 39C Gripen
Die Gripen bildet die Speerspitze der ungarischen Luftwaffe. Dieses Exemplar trägt ein besonderes Farbschema für die Teilnahme am NATO Tiger Meet 2016. Die ungarische Gripen-Flotte von zwölf Einsitzern und zwei Doppelsitzern wurde zwischen 2006 und 2007 im Rahmen eines 10-Jahres-Leasingvertrags ausgeliefert, der inzwischen bis 2026 verlängert wurde.

(AESA)-Radar und ein Skyward-G-Infrarot-Such- und Verfolgungssystem. Sie kann den Litening-Laserpod und den RecceLite-Aufklärungspod tragen. Datalink gehörte von Anfang an zum Gripen-Konzept. Die E/F besitzt einen störungsresistenten Fighter Link, neue Ausrüstung für die elektronische Kriegsführung und einen reduzierten Radarquerschnitt für bessere Überlebensfähigkeit. Zu den neuen Selbstverteidigungsmaßnahmen gehören Raketenannäherungswarnsensoren mit automatischen Chaff/Flare-Werfern.

Schweden ist mit 60 bestellten Exemplaren Hauptkunde der Gripen E/F. In Brasilien ging das Jagdflugzeug als Sieger aus einem langjährigen Wettbewerb hervor. Die brasilianische Luftwaffe wird zunächst 36 Flugzeuge erwerben, von denen ein Teil vor Ort gebaut werden soll. Brasilien übernimmt auch die Entwicklung der zweisitzigen Gripen F. Schweden hat sich bislang nur für die einsitzige Gripen-E-Version entschieden.

JAS 39C Gripen
Das C-Modell der Gripen wurde 2004 bei der schwedischen Luftwaffe (Flygvapnet) in Dienst gestellt. Bis zum März 2015 waren alle 75 einsitzigen, neu gebauten JAS 39C ausgeliefert, von denen bis 2021 zwei ohne Personenschäden verloren gingen. Die schwedische Luftwaffe übernahm auch 26 zweisitzige JAS-39D-Varianten.

JAS 39C

Abmessungen	Länge 14,10 m Spannweite 8,40 m Höhe 4,70 m
Startgewicht max.	14.000 kg
Antrieb	1 x 80,5 kN (18.097 lb) Volvo-Aero-RM12-Turbofan mit Nachbrenner
Höchstgeschwindigkeit	2.130 km/h
Aktionsradius	700 km
Dienstgipfelhöhe	15.240 m (50.000 ft)
Besatzung	1 Pilot
Bewaffnung	eine 27-mm-Mauser-BK-27-Bordkanone, bis zu 5.300 kg Außenlasten an acht Stationen

Dassault Rafale

Dassaults modernstes Jagdflugzeug, die Rafale, entstand in den frühen 1980er-Jahren im Rahmen des ACX-Programms für experimentelle Kampfflugzeuge.

Nach dem Rückzug Frankreichs aus der European Fighter Aircraft Initiative, die später den Eurofighter Typhoon hervorbrachte, konzentrierte sich Dassault auf die Entwicklung der Rafale für das französische Militär. Der erste Rafale-A-Prototyp flog am 4. Juli 1986 mit aus den USA gelieferten F404-Turbofan-Triebwerken von General Electric. Er diente zur Erprobung des Fly-by-Wire-Systems und der Aerodynamik. Anschließend machte das Flugzeug erste Touch-and-Go-Landungen auf einem Flugzeugträger.

Der Hersteller bezeichnet die Rafale als Allroundkämpferin. Sie war von Anfang an für eine Vielzahl von Einsatzrollen ausgelegt, auch für deren Wechsel im Verlauf eines Einsatzes. In dieser Auslegung ist sie nun in Diensten der französischen Luftwaffe und Marine sowie einer wachsenden Zahl von Exportkunden.

Durch ihre Modulbauweise konnte die Rafale seit ihrer Einführung auf neue Technologien und Fähigkeiten aufgerüstet werden. Sie entstand in mittlerweile vier Produktionstranchen. Die erste war die Rafale F1 in reiner Luftverteidigungsrolle, die die veraltete F-8 Crusader der französischen Marine ersetzte. Die ersten Flugzeuge wurden im Dezember 2000 auf dem Marinefliegerhorst Landivisiau in der Bretagne ausgeliefert.

Der nächste Schritt war die Rafale F2 mit dem konventionell bewaffneten Marschflugkörper SCALP und verschiedenen lasergelenkten Bomben. Sie erlaubte bereits präzise Bodenangriffe und ging an die französische Luftwaffe und Marine. Im Dezember 2004 begann die Auslieferung von F2-Jets an die Armée de l´Air. Die Rafale F3 deckte als erster Vollspektrum-Jet Missionen wie Aufklärung, Seezielangriffe und nukleare Abschreckung ab. Auch diese Version ging an die beiden Teilstreitkräfte.

Die ersten 120 Rafales der drei Produktionstranchen besaßen ein Passive Electronically Scanned Array (PESA)-

Dassault-Rafale-Prototyp
Der zweisitzige Prototyp Rafale B01 machte im April 1993 seinen Erstflug. Dieses Flugzeug trug erstmals das RBE2-Multimode-Radar unter einer neu gestalteten Nase.

Canard-Auslegung
Die in erhöhter Position nahe am Deltaflügel sitzenden (close-coupled) Canards sorgen für Wendigkeit auch bei hohen Anstellwinkeln.

Betankungsstutzen
Die Tanksonde ist fest montiert, um Probleme beim Ein- oder Ausfahren zu vermeiden.

RBE2-Radar. Die aktuelle Rafale hat eine neue Active Electronically Scanned Array (AESA)-Version desselben Radars. Ältere Jets werden damit nachgerüstet.

Derzeit wird am F4-Standard gearbeitet, der Verbesserungen an den Sensoren und der Selbstverteidigungsausrüstung bieten soll. Nach dem geplanten F5 soll ein Kampfflugzeug der neuen Generation die Rafale im Rahmen des Future-Combat-Air-System-Programms ersetzen. Ältere Rafales wurden inzwischen sukzessive auf den F2- und F3-Standard aufgerüstet.

Derzeit liegen 180 Rafale-Bestellungen der französischen Streitkräfte vor, darunter zweisitzige Rafale B- und einsitzige Rafale C-Varianten für die Luftwaffe und trägerfähige Rafale M-Einsitzer für die Marine. Ihre Jets starten vom Flugzeugträger Charles de Gaulle.

Die Rafale wird von zwei Snecma-M88-2-Turbofans angetrieben, die speziell für sie entwickelt wurden und bei geringen Abmessungen einen beträchtlichen Schub liefern. Die Einsatzavionik der Rafale basiert auf einem Multi-Sensor-Paket mit Datenverbund für ein gutes Lagebild. Neben dem

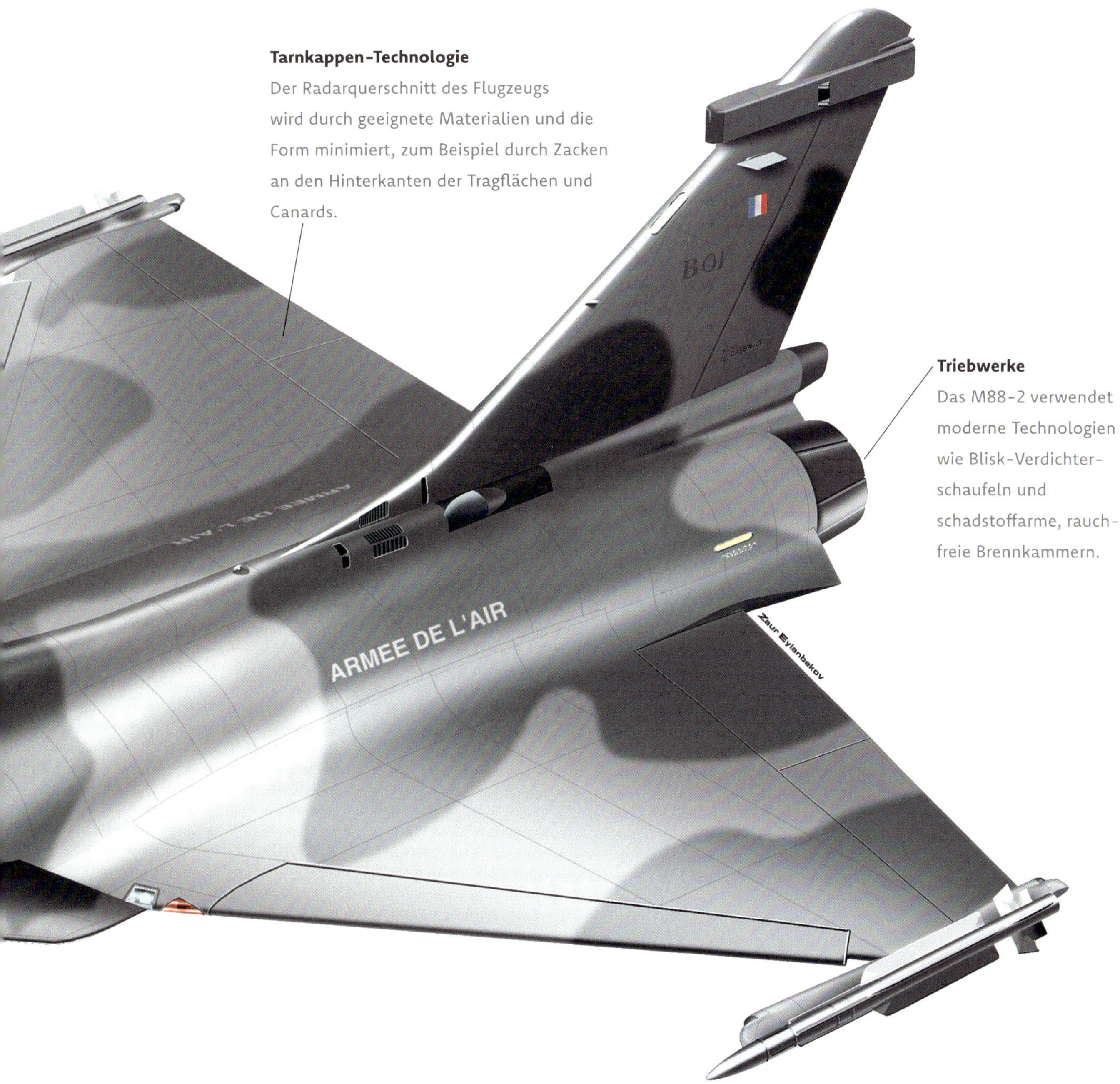

Rafale EQ

Qatar kündigte im April 2015 die Bestellung einer ersten Charge von 24 Flugzeugen für die Qatar Emiri Air Force (QEAF) an, darunter 18 einsitzige Rafale EQ und sechs zweisitzige Rafale DQ. Im Jahr 2017 übte Katar eine Option zum Kauf von zwölf weiteren Rafales aus, was die Gesamtzahl der QEAF auf 36 Flugzeuge bringen wird.

Thales-RBE2-Multimode-Radar besitzt die Rafale das direkt vor der Frontscheibe montierte Front Sector Optronics (FSO)-System. Es ist eine Kombination aus Infrarot-Such- und -Verfolgungssystem, TV-Sensor und Laser-Entfernungsmesser.

Das Flugzeug verfügt über die umfangreiche Spectra-Ausrüstung für die elektronische Kriegsführung und Laserwarnempfänger, es identifiziert Bedrohungen und kann gegnerische Strahlung mit aktivem Scanning stören. Das Cockpit bietet einen um 29 Grad geneigten Schleudersitz, Side-Stick-Controller, Weitwinkel-Head-up-Display, ein zentrales, farbiges Taktik-Display und zwei seitliche Farb-Touchscreens.

Für die Zielmarkierung war anfangs ein Damocles-Pod eingerüstet. Inzwischen ist auch der TALIOS-Pod (Targeting Long-Range Identification Optronic System) neuer Generation verfügbar. Für Aufklärungsmissionen kann der Pod Reco NG auf dem mittleren Träger montiert werden. Er besitzt einen Zweiband-Infrarot-Sichtsensor und kann Daten mit anderen Plattformen in Echtzeit teilen. Neben anderen Verbesserungen erhielt die Rafale zusätzliche, neue Waffen. Ihre typische Luft-Luft-Beladung besteht aus bis zu acht mit Infrarot- oder Radarsuchkopf ausgerüsteten Mica-Raketen. Ab dem F3R-Standard kommt die staustrahlgetriebene Beyond Visual Range (BVR)-Luft-Luft-Rakete Meteor hinzu.

Für Luft-Boden-Einsätze steht eine breite Palette konventioneller Waffen zur Verfügung, darunter SCALP-Stealth-Marschflugkörper, Exocet-Anti-Schiffs-Raketen, US-Lenkbomben der Paveway-Serie und die modulare Luft-Boden-Bewaffnung French Armement Air-Sol Modulaire (AASM), eine angetriebene Lenkbombe mit verschiedenen Steuerungsoptionen. Zur nuklearen Abschreckung kann die Rafale einen ASMP-A-Überschall-Marschflugkörper tragen.

Französische Rafales hatten bereits zahlreiche Einsätze in Afghanistan, Irak, Libyen, Mali und Syrien. Ägypten, Griechenland, Indien und Katar erteilten Bestellaufträge.

Rafale M

Frankreichs Marineflieger (Aéronautique Navale) stellten die Rafale im Jahre 2000 als erste in Dienst, zunächst nur in der Luft-Luft-Rolle. Diese Rafale M gehört der Flottille 12F an, einer von drei französischen Marinefliegerstaffeln auf der Basis Landivisiau in der Bretagne. Sie dienen an Bord des Flugzeugträgers Charles de Gaulle.

Ein französischer Rafale-Jäger im Rahmen eines UN-Sicherheitsratsbeschlusses im Einsatz über Libyen. Seine Unterflügel-Waffenstationen und Treibstofftanks sind deutlich sichtbar.

RAFALE M

Abmessungen	Länge 15,27 m Spannweite 10,80 m Höhe 5,34 m
Startgewicht max.	24.500 kg
Antrieb	2 x 75 kN (16.861 lb) Snecma-M88-2-Turbofan mit Nachbrenner
Höchstgeschwindigkeit	2.125 km/h
Aktionsradius	1.090 km
Dienstgipfelhöhe	16.765 m (55.000 ft)
Besatzung	1 Pilot
Bewaffnung	eine 30-mm-GIAT-30M791-Bordkanone, bis zu 9.500 kg Außenlasten an 14 Stationen

Boeing F-15 Eagle

Die F-15 Eagle wird noch immer gebaut. Angesichts der Einführung der F-22 und F-35 der 5. Generation zeugt dies von der Qualität des Flugzeugs, dessen Anfänge bis in die Mitte der 1960er-Jahre zurückreichen.

Ohne ein Vergleichsfliegen mit der Konkurrenz erhielt die damalige Firma McDonnell Douglas (die F-15 ist jetzt ein Boeing-Produkt) den Auftrag zum Bau einiger YF-15A-Vorserienflugzeuge. Das erste machte am 27. Juli 1972 seinen Jungfernflug. Bereits gut zwei Jahre später wurde die erste einsitzige F-15A bei der 58th Tactical Training Wing der US Air Force auf dem Stützpunkt Luke AFB (Arizona) in Dienst gestellt.

Der ersten F-15A und der zweisitzigen F-15B folgten bald die verbesserten F-15C/D-Modelle. Sie gingen ab 1979 in Serie und entwickelten sich mit 483 bis zum Jahre 1985 hergestellten F-15C und 92 F-15D zu den wichtigsten Varianten. In den letzten Jahren erhielt die F-15C/D-Flotte der US-Luftwaffe Golden-Eagle-Upgrades, darunter das AN/APG-63(V)3 Active Electronic Scanning Array (AESA)-Radar.

Der erste Exportauftrag für F-15A/B kam 1976 aus Israel, gefolgt von Aufträgen für mehrere Chargen der Versionen F-15C/D. Die ersten F-15 im Kampfeinsatz waren israelische Flugzeuge, die im Juni 1979 syrische MiG-21 abschossen. Die Eagle erlangte schnell einen Ruf als herausragende Luftüberlegenheitsjägerin.

F-15 der US Air Force erlebten während Operation Desert Storm im Jahr 1991 ihre ersten Kampfeinsätze und vernichteten dabei 36 irakische Flugzeuge. Auch F-15C/D der Royal Saudi Air Force waren an Desert Storm beteiligt, sie hatten bereits 1984 iranische F-4 abgeschossen.

Der andere Exportkunde der ersten Fighter Eagle ist Japan, das den Typ Mitte der 1970er-Jahre erprobte und als Ersatz für seine F-104J-Starfighter-Flotte auswählte. Die ersten beiden F-15J (sie entsprachen der F-15C) und zwölf zweisitzige F-15DJ wurden in den USA gebaut, weitere acht in Lizenz von Mitsubishi. 1981 machte die erste japanische F-15 ihren Jungfernflug. Mitsubishi stellte insgesamt 163 F-15J und 36 F-15DJ her.

Zwei F-15E Strike Eagle der früher auf der Elmendorf Air Force Base in Alaska stationierten 90th Fighter Squadron feuern während eines Übungseinsatzes über dem Golf von Mexiko zwei AIM-7M-Sparrow-Luft-Luft-Raketen ab.

F-15C Eagle

Diese einsitzige F-15C gehört zur 142nd Fighter Wing der Oregon Air National Guard. Deren 123rd Fighter Squadron Redhawks ist auf der Portland Air National Guard Base in Oregon stationiert und verfügt über 21 Exemplare der F-15C/D. Die Staffel soll im Jahr 2023 als erste die neue F-15EX erhalten.

F-15C EAGLE

Abmessungen	Länge 19,46 m Spannweite 13,05 m Höhe 5,64 m
Startgewicht max.	30.844 kg
Antrieb	2 x 105,73 kN (23.770 lb) Pratt-&-Whitney-F100-PW-220-Turbofan mit Nachbrenner
Höchstgeschwindigkeit	2.655 km/h
Aktionsradius	1.270 km
Dienstgipfelhöhe	19.800 m (65.000 ft)
Besatzung	1 Pilot
Bewaffnung	eine sechsläufige 20-mm-M61A1-Vulcan-Gatling-Bordkanone, bis zu 10.400 kg Außenlasten an neun Stationen

Die heutigen Eagles sind Derivate der F-15E Strike Eagle, die nach einer Forderung der US Air Force aus den späten 1970er-Jahren die F-111 und andere Flugzeuge als Allwetter-Jagdbomber ersetzen sollte. Mit Auslaufen der F-15C/D wechselte McDonnell Douglas zur F-15E, einer zweisitzigen Variante mit Standard-Außentanks (CFT), deutlich mehr Reichweite und zahlreichen Außenträgern für Waffen und andere Außenlasten. Die Strike Eagle verfügte auch über das modernere AN/APG-70-Radar, das zusätzlich zu den Luft-Luft-Modi des Vorgängers AN/APG-63 einen hochauflösenden Map-Mode bietet.

Für den Allwetter-Präzisionswaffeneinsatz bei Tag und Nacht erhielt die F-15E das LANTIRN-System (Low-Altitude Navigation and Targeting Infra-Red System for Night) mit Geländeverfolgungs- und Forward-Looking-Infrared (FLIR)-Sensoren. Spätere Upgrades brachten das AN/APG-63 (V) 4 AESA-Radar, Joint Helmet Mounted Cueing System (JHMCS)- und AIM-9X-Raketen.

Die US Air Force erhielt 236 Strike Eagles. Dieser Typ diente als Basis für eine Reihe modernisierter Export-Derivate. Nach anfänglichen Beschaffungsversuchen einer einsitzigen F-15F-Jagdbomberversion entstand aus Saudi-Arabiens Strike-Eagle-Version die zweisitzige F-15S, fast identisch mit der F-15E der US Air Force. Der Export nach Saudi-Arabien wurde nach dem Golfkrieg 1991 genehmigt. Die Flugzeuge werden nun auf den Saudi Advanced-Standard F-15SA umgebaut, von dem Saudi-Arabien auch Neuflugzeuge beschafft hat.

Die F-15SA verfügt über ein neues Fly-by-Wire, das zusätzliche Waffen an neuen Außenflügelstationen ermöglicht. Das Flugzeug hat ein APG-63 (V) 3 AESA-Radar, ein Digital Electronic Warfare System (DEWS) und einen Infrarot-Such- und -Verfolgungssensor (IRST).

Israels F-15I (israelische Bezeichnung „Ra'am“ – Donner) ist weitgehend baugleich mit der F-15E der US Air Force, verfügt jedoch über israelische Avionik, Ausrüstung zur elektronischen Kampfführung, Display and Sight Helmet (DASH) und Waffen. Diese Jagdbomber mit hoher Reichweite zählen zu den wichtigsten Waffen der israelischen Luftstreitkräfte.

Zwei Betreiber im asiatisch-pazifischen Raum erwarben ebenfalls modernisierte Strike Eagles. Südkorea kaufte die

F-15E Strike Eagle

Die einzigen ständig außerhalb der Vereinigten Staaten stationierten Eagles der US Air Force gehören zur 48th Fighter Wing auf RAF Lakenheath in England. Eine Staffel betreibt F-15C/D, zwei andere F-15E. Die F-15E mit der Seriennummer 98-0133 gehört zur 492nd Fighter Squadron Bolars, erkennbar am blauen Blitz am Heck.

F-15E STRIKE EAGLE

Abmessungen	Länge 19,46 m Spannweite 13,05 m Höhe 5,64 m
Startgewicht max.	36.741 kg
Antrieb	2 x 129,5 kN (29.113 lb) Pratt-&-Whitney-F100-PW-229-Turbofan mit Nachbrenner
Höchstgeschwindigkeit	2.698 km/h
Aktionsradius	1.270 km
Dienstgipfelhöhe	18.290 m (60.000 ft)
Besatzung	1 Pilot, 1 Waffensystemoffizier
Bewaffnung	eine sechsläufige 20-mm-M61A1-Vulcan-Gatling-Bordkanone, bis zu 10.400 kg Außenlasten an neun Stationen

F-15K Slam Eagle, Singapur die F-15SG-Version. Die koreanische F-15K ist für Langstrecken-Präzisionsangriffe optimiert. Ihr Waffenarsenal umfasst unter anderem AGM-84K SLAM-ER, AGM-84H Harpoon Block II und den Marschflugkörper Taurus KEPD 350.

Boeing präsentierte mit der F-15SE Silent Eagle im Jahr 2009 eine neue Eagle-Variante. Sie hat verschiedene Stealth-Modifikationen wie nach außen geneigte, vertikale Flossen und modifizierte Conformal Weapons Bay (CWB)-Waffenbuchten. Für die F-15SE gingen keine Exportaufträge ein, so dass Boeing die Entwicklung neuer Varianten vorantrieb. Sie basierten auf der Strike Eagle, bekamen aber keine Stealth-Ausrüstung.

Die für Katar entwickelte F-15QA basiert auf der saudischen F-15SA und ist die neueste und leistungsfähigste Export-Eagle. Das Flugzeug bietet ein neues Advanced Cock-

F-15EX Advanced Eagle

Diese Eagle II (alte Bezeichnung Advanced Eagle) wird als erstes Exemplar an die US Air Force übergeben. Boeing lieferte den ersten Jet am 10. März 2021 in seinem Werk in St. Louis (Missouri) aus. Er trägt die Kennzeichen der Eglin Air Force Base (Florida), wo ihn die 40th Flight Test Squadron fliegen wird.

pit System von Boeing mit Large Area Displays, AN/APG-82(V)1 AESA-Radar und weiteren Verbesserungen. Boeing stellt derzeit für Katar im Rahmen eines 6,2-Milliarden-Dollar-Vertrages 36 F-15QA her. Die ersten Exemplare wurden 2021 ausgeliefert.

Die F-15QA bot der US Air Force Jahrzehnte nach Indienststellung der letzten Exemplare die unerwartete Gelegenheit zur Beschaffung weiterer F-15. Die F-15EX (offizielle Bezeichnung Eagle II) basiert auf der F-15QA und wurde 2021 an die US Air Force ausgeliefert. Ein wesentlicher Unterschied zur F-15QA ist das Eagle Passive Active Warning Survivability System (EPAWSS) mit verbessertem Selbstschutz.

In deutlicher Kehrtwendung von früheren Beschaffungsplänen kauft die US Air Force jetzt neben der F-35A auch F-15EX-Jets. Geplant sind insgesamt 144 F-15EX als Ersatz für die F-15C, deren Durchschnittsalter bei rund 37 Jahren liegt. Die Flugzeuge sollen auch Lücken bei Verzögerungen im F-35-Programm ausfüllen. Die F-15EX wird zunächst die F-15C der Air National Guards Floridas und Oregons ersetzen.

Eine USAF F-15E Strike Eagle der 336th Expeditionary Fighter Squadron während eines Einsatzes der Operation Mountain Lion über den Bergen Afghanistans. Ihre Lufteinlässe und die Waffenstationen unter den Flügeln sind deutlich zu erkennen.

F-15S Strike Eagle

Diese F-15S ist eine von 72 für die Royal Saudi Air Force (RSAF) gebauten Exemplaren. Im Jahr 2010 gaben die Streitkräfte bekannt, ihre verbliebenen 68 Flugzeuge auf den verbesserten F-15SA-Standard aufrüsten zu wollen. Ihre Auslieferung begann im Dezember 2016. Das Königreich beschaffte zusätzlich weitere 84 neue F-15SA-Jets.

F-15J

Die Eagle fliegt seit 1981 bei der Japan Air Self-Defense Force (JASDF) und ist noch immer deren wichtigstes Luftverteidigungsflugzeug. Der gezeigte Jet trägt die Insignien des in Gifu ansässigen Entwicklungs- und Erprobungskommandos an den Heckflossen. Japan plant, 98 seiner noch im Dienst stehenden F-15J auf den Stand des Japanischen Super Interceptor (JSI) zu bringen.

Lockheed Martin F-16 Fighting Falcon

Die leistungsfähige F-16 ist mit über 4.500 verkauften Exemplaren zweifellos das erfolgreichste westliche Jagdflugzeug seiner Generation.

General Dynamics entwickelte die F-16 als leichtes Jagdflugzeug. Leistungsstärker als ursprünglich geplant, ist sie heute ein überragender Allwetter-Jagdbomber für Präzisionsangriffe. Der Hersteller legte von Anfang an den Schwerpunkt auf Wendigkeit und Leistung. Die F-16 erhielt als eines der ersten Jagdflugzeuge Fly-by-Wire, Sidestick, ein großes Rundsicht-Kabinendach und einen nach hinten geneigten Schleudersitz.

Die F-16, allgemein auch Viper genannt, verdankt ihre Existenz einer Ausschreibung der US Air Force über einen Lightweight Fighter (LWF) aus dem Jahre 1972. Er sollte für Tageslicht-Luftkampfeinsätze anfangs nur eine 20-mm-M61A1-Gatlingkanone und AIM-9-Sidewinder-Infrarotraketen mit kurzer Reichweite bekommen. Selbst ein Radar war nicht eingeplant.

Der Prototyp YF-16 machte am 20. Januar 1974 einen ungeplanten Erstflug und ging 1975 als Sieger aus dem Air Combat Fighter (ACF)-Projekt der US Air Force hervor. Bald wurde die reine Tagjägerrolle um Luft-Boden-Funktionen erweitert. Belgien, Dänemark, Norwegen und die Niederlande bestellten die so ausgerüstete F-16 im Rahmen des sogenannten Jahrhundertverkaufs.

Im Januar 1979 rüstete die 388th Tactical Fighter Wing auf Hill Air Force Base (Utah) als erste Einheit der US Air Force auf die einsitzige F-16A um. Belgien erhielt im selben Monat als erster europäischer Kunde zweisitzige F-16Bl.

Die F-16A/B der ersten Serie wurden inzwischen bei der US Air Force ausgemustert und von vielen ausländischen Erstkunden mit Upgrades weiter betrieben. Die Herstellung lief mit der verbesserten F-16C/D in Blöcken mit individuellen Upgrades weiter. So konnten die Kunden ab Block 30/32 zwischen zwei Triebwerken wählen. Blöcke mit der Endziffer 0 erhielten das General Electric F110, die mit der Endziffer 2 das Pratt & Whitney F100.

Die aktuelle F-16C/D hat mit dem ursprünglichen LWF-Konzept nicht mehr viel gemein. Sie ist BVR-luftkampffähig und verfügt über Multimode-Radar und AIM-120-AMRAAM-Raketen. Neben Luft-Luft-Missionen fliegt die F-16 auch häufig in der Luft-Boden-Rolle. Dafür besitzt sie moderne Targeting Pods für Nacht- und Allwetter-Angriffe, optionale Außentanks sorgen für hohe Reichweite. Das Cockpit der modernen Viper ist komplett digitalisiert und mit großen, farbigen Multifunktionsdisplays ausgestattet. Der Pilot verfügt über das Joint Helmet Mounted Cueing System (JHMCS).

Die modernsten F-16 der US Air Force aus Block 50+/52+ verfügen über ein AN/APG-68(V)9-Radar mit erhöhter Luft-Luft-Auffassreichweite und Synthetic-Aperture-Funktion. Diese Jets sind mit den aktuellsten Navigations- und Zielerfassungs-Pods kompatibel. Ihre Avionik enthält einen verbesserten, modularen Mission-Computer, farbige Cockpit-Displays und Vorbereitungen für das JHMCS.

Eine besondere Variante, F-16I, wurde auf der Basis der zweisitzigen Block 52-Flugzeuge für Israel entwickelt. Sie hat ein F100-PW-229-Triebwerk, Standard-Außentanks und eigene israelische Avionik und Bewaffnung.

KF-16C Fighting Falcon

Das Flugzeug mit der Seriennummer 93-065 ist eine KF-16C. Das Präfix K verrät seine Herkunft: Es wurde in Südkorea von Samsung (jetzt Korea Aerospace Industries) gebaut. Die Luftwaffe der Republik Korea erhielt 95 einsitzige (K)F-16C- und 45 zweisitzige (K)F-16D-Jets im Block-52-Standard. Dieses Flugzeug trägt AGM-88-HARM-Raketen zur Unterdrückung feindlicher Luftabwehr.

F-16I SUFA (STORM)

Abmessungen	Länge 15,03 m Spannweite 9,45 m Höhe 5,09 m
Startgewicht max.	23.600 kg
Antrieb	1 x 131,49 kN (29.560 lb) Pratt-&-Whitney-F100-PW-229-Turbofan mit Nachbrenner
Höchstgeschwindigkeit	2.414 km/h
Aktionsradius	2.100 km
Dienstgipfelhöhe	18.288 m (60.000 ft)
Besatzung	1 Pilot, 1 Waffensystemoffizier
Bewaffnung	eine sechsläufige 20-mm-M61A1-Gatling-Bordkanone, bis zu 7.700 kg Außenlasten, darunter Rafael Python-5 infrarotgelenkte Luft-Luft-Raketen, an sechs Unterflügel-, zwei Flügelstationen und einem mittleren Träger

F-16I Sufa (Sturm)

Die zweisitzige F-16I ist eines der wichtigsten Kampfflugzeuge der israelischen Luftwaffe mit hoher Reichweite. 102 Jets wurden seit 2004 nach Israel geliefert, die letzten im Jahr 2009. Die Flugzeuge dienen bei vier Staffeln und haben an vielen Kampfeinsätzen teilgenommen, darunter Angriffen auf Syrien.

BLOCK 50/52 F-16C

Abmessungen	Länge 15,03 m Spannweite 9,45 m Höhe 5,09 m
Startgewicht max.	19.187 kg
Antrieb	Block 50: 1 x 131,22 kN (29.500 lb) General-Electric-F110-GE-129-Turbofan mit Nachbrenner Block 52: 1 x 131,49 kN (29.560 lb) Pratt-&-Whitney-F100-PW-229-Turbofan mit Nachbrenner
Höchstgeschwindigkeit	2.177 km/h
Aktionsradius	925 km
Dienstgipfelhöhe	15.240 m (50.000 ft)
Besatzung	1 Pilot
Bewaffnung	eine sechsläufige 20-mm-M61A1-Bordkanone, bis zu 7.700 kg Außenlasten an sechs Unterflügel-, zwei Flügelstationen und einem mittleren Träger

F-16B Fighting Falcon

Diese zweisitzige F-16B der Royal Norwegian Air Force erhielt über ein Mid-Life-Upgrade den dort als F-16BM bezeichneten Standard. Norwegen ersetzt seine Fighting Falcons gegenwärtig durch F-35A. Seine Luftstreitkräfte erwarben seinerzeit als einer der ersten Exportkunden 60 F-16A und 14 F-16B. Der letzte F-16-Betreiber ist die 331 Skvadron in Bødo.

Die vielleicht leistungsfähigste Version ist die Block 60 Desert Falcon für die Vereinigten Arabischen Emirate, bestehend aus der einsitzigen F-16E und der zweisitzigen F-16F. Die Flugzeuge besitzen das Northrop Grumman AN/APG-80 Active Electronic Scanning Array (AESA)-Radar, ein internes FLIR-und-Targeting-System (IFTS), elektronische Falcon-Edge-Gegenmaßnahmen und andere hoch entwickelte moderne Avionik.

Nach langer Dienstzeit und zahllosen Kampfeinsätzen war es nötig, möglichst viele F-16 durch Upgrades der Avionik und Zelle in der Luft zu halten. Die US Air Force sorgte mit dem Common Configuration Implementation Program (CCIP) für gemeinsame Hardware- und Softwareupgrades der Blöcke 40/42/50/52. In Europa brachte das Mid-Life-Upgrade (MLU) die F-16A/B auf einen weitgehend vergleichbaren Stand mit den F-16C/D des Block 52 der US Air Force.

Eine auf der Al Dhafra Air Base der Vereinigten Arabischen Emirate beheimatete F-16E Fighting Falcon landet nach einem Red-Flag-Übungseinsatz auf der Nellis Air Force Base (Nevada).

F-16C Fighting Falcon

Diese extravagant gestaltete F-16C aus Block 42 trägt die Farben der 125th Fighter Squadron. Die Einheit der Oklahoma Air National Guard untersteht der 138th Fighter Wing auf der Tulsa Air National Guard Base (Oklahoma). Die Staffel hat seit den frühen 1990er-Jahren zahlreiche Kampfeinsätze im Nahen Osten durchgeführt. Sie nahm an den Operationen Northern Watch, Southern Watch, Iraqi Freedom und New Dawn teil.

Die Jets können durch ihre neue BVR-Luft-Luft-Fähigkeit nun erstmals auch AMRAAM-Raketen einsetzen.

1993 übernahm Lockheed Martin die Luft- und Raumfahrtsparte von General Dynamics. Das neueste F-16-Produkt, Block 70/72 F-16V (V für Viper), kam 2012 auf den Markt. Es ist als Upgrade und Neuflugzeug erhältlich und verfügt über ein AN/APG-83 Scalable Agile Beam Radar (SABR) mit Active Electronically Scanned Array (AESA), verbessertem Mission Computer und weiteren Cockpit-Upgrades. Bisher haben sich fünf Nationen für die F-16V entschieden. Die strukturelle Lebensdauer wurde von 8.000 auf 12.000 Stunden verlängert. Die F-16 fliegt bei über 25 Luftwaffen und hat bislang mehr als 13 Millionen Einsätze absolviert. Laufende Upgrades und die gute Auslastung der F-16V-Produktion (Auftragsbestand Juli 2021: über 120 Flugzeuge) lassen die Zukunft der Fighting Eagle rosig erscheinen.

F-16 Fighting Falcons der 52nd Fighter Wing der USAF rollen im Jahr 2019 in Formation auf die Startbahn der Spangdahlem Air Base (Deutschland).

Boeing F/A-18 Hornet und Super Hornet

Die F/A-18 wurde aus der Northrop YF-17 entwickelt, die Mitte der 1970er-Jahre im US Air Force Air Combat Fighter (ACF)-Programm gegen die F-16 verloren hatte. Später gewann sie gegen denselben Konkurrenten im ACF-Programm der US Navy.

Das Flugzeug wurde im Laufe der Zeit gründlich verbessert. Die aktuelle F/A-18E/F Super Hornet, ein stark überarbeiteter Nachkomme des ersten Modells, ist heute das Rückgrat der trägergestützten, taktischen US-Navy-Kampfflugzeugflotte.

Die F/A-18 wurde von Anfang an als echtes Mehrzweck-Kampfflugzeug entwickelt. Sie sollte sowohl in der Jäger- und Jagdbomberrolle dienen und die F-4-Phantom-II- und A-7-Corsair-II-Flotten der US Navy ersetzen. Der Erstentwurf geht auf Northrop zurück, die Entwicklung und Produktion wurden McDonnell Douglas übertragen. Das Unternehmen fertigte elf F/A-18 für Erprobungszwecke an, darunter zwei Doppelsitzer. Der Erstflug der Hornet fand am 18. November 1978 statt.

Die Entwicklung verlief zügig. Schon 1980 wurde die erste einsitzige Serien-F/A-18A ausgeliefert. 1983 erklärte das US Marine Corps die F-A-18/A für einsatzbereit, im selben Jahr erhielt auch die US Navy ihre ersten Flugzeuge.

Ein wichtiges Hornet-Designelement sind die effizienten Tragflächen mit ihren markanten Verlängerungen an den Vorderkanten. Sie ermöglichen hohe Anstellwinkel bei exzellenter Wendigkeit. Das erste Multimode-Radar AN/APG-73 konnte Luftbedrohungen und Bodenziele auffassen und bekämpfen.

Die Hornet hatte bei den El-Dorado-Angriffen auf Libyen im April 1986 ihr Einsatzdebüt. F/A-18 der US Navy und des Marine Corps spielten 1991 bei der Operation Desert Storm über dem Irak eine bedeutende Rolle. Hornets (und zuletzt Super Hornets) waren seitdem immer im Einsatz, wenn US-Flugzeugträger der US Navy in Aktion traten.

Die erste Serienversion wurde von der einsitzigen F/A-18C abgelöst, die neben anderen Waffen auch die AIM-120

F/A-18E Super Hornet

Diese auf der USS Nimitz stationierte F/A-18E mit der Nummer 166434 erhielt ihre Sonderlackierung im Jahr 2009 zum 90. Geburtstag der Strike Fighter Squadron 14 (VFA-14) Tophatters. Diese auf der Naval Air Station Lemoore (Kalifornien) beheimatete Einheit ist die älteste aktive Fliegerstaffel der US Navy. Sie wurde 1919 aufgestellt und setzte bis heute 23 verschiedene Flugzeugtypen ein.

F/A-18E Super Hornet
Die Royal Australian Air Force (RAAF) betreibt derzeit ausschließlich zweisitzige F/A-18F Super Hornets. Eine erste Charge von 24 F/A-18F wurde später durch zwölf EA-18G Growler ergänzt. Die RAAF Super Hornets dienen bei der No. 1 Squadron auf RAAF Amberley (Queensland), wo früher der Jagdbomber F-111 eingesetzt wurde.

Advanced Medium-Range Air-to-Air Missile (AMRAAM) trug. Spätere F/A-18C waren für Bodenangriffe mit Nachtsichtbrillen, farbigen Multifunktions-Cockpit-Displays und einem AAS-38-Forward-Looking-Infrared-Pod für die Zielzuweisung ausgerüstet. Die erste alte Hornet-Variante ging in beachtlicher Zahl in den Export. Der Erstkunde war Kanada, gefolgt von Australien, Spanien, Kuwait, der Schweiz, Finnland und Malaysia.

Die zweisitzigen Hornets starteten als voll einsatzfähige F/A-18B, während F/A-18D das zweisitzige Gegenstück zur F/A-18C ist. Besonders das US Marine Corps nutzte die F/A-18D als Ersatz für seine A-6 Intruder bei den Allwetter-Einsatzstaffeln.

McDonnell Douglas (später Boeing) entwickelte die F/A-18E/F Super Hornet auf Wunsch der US Navy als Ersatz für deren A-6E Intruder und die F-14 Tomcat, da sie sich eine noch leistungsfähigere, Jagdbomber-taugliche Version der Hornet gewünscht hatten. Inzwischen haben die einsitzige F/A-18E und die zweisitzige F/A-18F die gesamte alte Hornet-Flotte der US-Marine ersetzt. Der Zweisitzer ersetzte mit

F/A-18E SUPER HORNET

Abmessungen	Länge 18,32 m Spannweite 13,63 m Höhe 4,88 m
Startgewicht max.	29.937 kg
Antrieb	2 x 97,86 kN (22.000 lb) General-Electric-F414-GE-400-Turbofan mit Nachbrenner
Höchstgeschwindigkeit	1.915 km/h
Aktionsradius	1.065 km (als Abfangjäger)
Dienstgipfelhöhe	15.240 m (50.000 ft)
Besatzung	1 Pilot
Bewaffnung	eine sechsläufige 20-mm-M61A1-Vulcan-Gatling-Bordkanone, bis zu 8.000 kg Außenlasten an sechs Unterflügelstationen, drei Rumpfträgern und zwei Flügelspitzen-Stationen

seiner Buddy-Betankungsausrüstung auch die S-3 Viking als trägergestützten Tanker. Die Entwicklung der Super Hornet umfasste sieben Prototypen. Sie ähnelten von Weitem den alten Hornets, hatten aber mehr Treibstoffkapazität, neue Triebwerke und Avionik, eine höhere Reichweite und genügend Nutzlast für zwei weitere Außenträger mit schweren Waffen.

Die ersten Block-I-Super-Hornets hatten noch das APG-73-Radar. Es wurde bald durch das Active Electronically Scanned Array (AESA) APG-79 von Raytheon ersetzt, das bei deutlich höheren Zielerfassungsreichweiten gleichzeitig im Luft-Luft- und Luft-Boden-Modus arbeiten kann.

Die Super Hornet ging an die Exportnationen Australien und Kuwait, beide Betreiber des Vorgängermodells. Trotz der Einführung der Super Hornet und der Growler bleibt die alte Hornet in großer Zahl im Einsatz. Die US Navy setzt diese Flugzeuge zwar nicht mehr an Bord ihrer Träger ein, nutzt ihre F/A-18 der ersten Generation jedoch weiter für Reserve-, Aggressor-, Erprobungs- und Trainingsaufgaben und beim Kunstflugteam Blue Angels. Die Navy hält das Flugzeug mit Upgrades und Modifikationen auf dem neuesten Stand.

Anders sieht es beim Marine Corps aus. Es hat keine Super Hornets beschafft und will stattdessen eine größere Zahl alter F/A-18 weiter im Einsatz halten. Sie erhielten dazu ein umfassenderes Upgrade mit dem Joint Helmet Mounted Cueing System (JHMCS), neuen Cockpit-Farbdisplays und APG-79(V)4 AESA-Radar. Nach aktueller Planung werden die Marines die Hornets noch bis 2030 nutzen, die einzige F/A-18-Reserveeinheit bis 2031.

Im Jahre 2021 waren noch alle alten Export-Hornets bei ihren Betreiberstaaten im Einsatz. Australien wird den Typ allerdings kurzfristig durch die F-35A ersetzen. Seine F/A-18A/B sind bereits auf einen der F/A-18C/D sehr ähnlichen Standard mit APG-73-Radar und JHMCS aufgerüstet.

Einige ausgemusterte australische Flugzeuge gingen nach Kanada, um die dortige Hornet-Flotte bis zur Beschaffung eines neuen Jagdflugzeugs aufzustocken. Auch die kanadischen Jets erhielten APG-73 und neue Mission-Computer,

EA-18G GROWLER

Abmessungen	Länge 18,31 m Spannweite 13,62 m Höhe 4,88 m
Startgewicht max.	29.964 kg
Antrieb	2 x 98 kN (22.031 lb) General-Electric-F414-GE-400-Turbofan mit Nachbrenner
Höchstgeschwindigkeit	1.900 km/h
Aktionsradius	1.020 km
Dienstgipfelhöhe	15.240 m (50.000 ft)
Besatzung	1 Pilot, 1 Waffensystemoffizier
Bewaffnung	sechs Unterflügel- und drei Rumpfstationen für 8.050 kg Kraftstoff in drei internen Tanks, Außenlasten wie AIM-120-AMRAAM- und AGM-88-HARM-Raketen

EA-18G Growler

Dieser buntlackierte Growler ist der CAG Bird der Electronic Attack Squadron 141 (VAQ-141) Shadowhawks. Diese Einheit für den Pazifik-Einsatz ist auf der Marine Corps Air Station Iwakuni (Japan) stationiert. Sie leistet von Bord des Flugzeugträgers USS Ronald Reagan elektronische Angriffsunterstützung für die Carrier Air Wing 5. CAG-Vögel werden stets vom Kommandanten der US Navy Carrier Air Groups geflogen.

Ein EA-18G Growler der USAF während der Flugvorführung zum 100-jährigen Jubiläum der finnischen Luftwaffe am Flughafen Tikkakoski (Finnland) im Juni 2018.

JHMCS und moderne AIM-120D-AMRAAM-Raketen. Spanien unternahm mit seinen Hornets (Landesbezeichnung: C.15, für Zweisitzer: CE.15) einen ähnlichen Modernisierungsaufwand.

Auch Finnland wird noch über seine zukünftigen Jäger entscheiden. Es unterzog seine F/A-18C/D einem umfassenden Upgrade-Programm mit dem Schwerpunkt Langstrecken-Angriffsfähigkeit. Zu diesem Zweck erhalten die Flugzeuge den Stealth-Marschflugkörper AGM-158 Joint-Air-to-Surface Standoff-Missile (JASSM).

Die Schweiz entschied sich 2021 für die F-35A als Ersatz für ihre Hornet und rüstete ihre F/A-18 in der Zwischenzeit ebenfalls nach. Kuwait wird seine alten F-18 durch neue F/A-18E/F ersetzen. Malaysia besitzt nur eine kleine Flotte von acht F/A-18D. Sie fliegen überwiegend in der Marinerolle und können AGM-84-Harpoon-Raketen gegen Seeziele tragen.

EA-18G GROWLER

Die EA (Electronic Attack)-Variante EA-18G Growler basiert auf der zweisitzigen F/A-18F. Sie wurde zunächst in Eigeninitiative als Ersatz für den EA-6B Prowler der US-Navy-Trägerflotte entwickelt. Der Growler ist zu mehr als 90 Prozent mit der Super Hornet identisch. Seine Einsatzausstattung stammt allerdings von Northrop Grumman und umfasst bis zu drei AN/ALQ-99-Radar-Störsender sowie AN/ALQ-218(V)2-Antennenpods an den Flügelspitzen. Hauptaufgabe des Growler ist die Lokalisierung und Störung gegnerischer Kommunikationskanäle über einen weiten Frequenzbereich. Er verfügt über die AGM-88 High Speed Anti-Radiation Missile (HARM).

Mikojan MiG-29K und MiG-35

Die neuesten und modernsten Versionen der erfolgreichen Fulcrum-Familie entstanden ungewöhnlicherweise alle auf Basis des schiffsgestützten MiG-29K-Mehrzweckjägers.

Diese Flugzeuge ähneln der ersten MiG-29, wurden aber komplett überarbeitet. Der neue Typ bot größere Tragflächen mit anders angeordneten Landeklappen und anderen Hochauftriebshilfen. Die erste MiG-29K (interne Bezeichnung: Izdeliye 9.31) wurde in den 1980er-Jahren für die neuen, geplanten Flugzeugträger der Sowjetunion entwickelt und machte 1988 ihren Erstflug. Der Rumpf und die Ausstattung mit N010-Radar sollten der landgestützten MiG-29M (Izdeliye 9.15) gleichen. Nach dem Untergang der Sowjetunion wurden beide Projekte im Jahr 1992 beendet.

MIG-29K

Abmessungen	Länge 17,30 m Spannweite 11,99 m Höhe 4,40 m
Startgewicht max.	24.500 kg
Antrieb	2 x 88,3 kN (19.850 lb) Klimov-RD-33MK-Turbofan mit Nachbrenner
Höchstgeschwindigkeit	2.200 km/h
Aktionsradius	1.300 km
Dienstgipfelhöhe	17.500 m (57.415 ft)
Besatzung	1 Pilot
Bewaffnung	eine GSch-301-30-mm-Bordkanone, bis zu 4.500 kg Außenlasten an neun Stationen (acht unter den Flügeln, eine unter dem Rumpf)

Das Schicksal wendete sich, als Indien den ehemaligen sowjetischen Flugzeugträger Admiral Gorschkow erwarb und unter dem Namen Vikramaditya wieder in Dienst stellte. Mikojan reagierte darauf Ende 1999 mit den Arbeiten an einer verbesserten, trägergestützten Fulcrum (Izdeliye 9.41). Sie bekam doppelt geschlitzte, größere Landeklappen, verstellbare Nasenklappen, Vortex-Controller an den Flügelvorderkanten und Fly-by-Wire. Die ein- und zweisitzigen Versionen basierten auf den Grundmustern MiG-29K (Izdeliye 9.31) beziehungsweise MiG-29KUB (Izdeliye 9.47). Als erster machte der Zweisitzer am 20. Januar 2007 seinen Jungfernflug.

Die RD-33MK-Turbofans der MiG-29K erzeugen mehr Schub als die zunächst verwendeten RD-33-Triebwerke. Das Cockpit verfügt über drei LCD-Bildschirme, das hintere der zweisitzigen MiG-29KUB über vier weitere. Die Avionik umfasst das Zhuk-Radar N041 und ein IRST-System (Infrared Search and Track), der Pilot verfügt über ein am Helm montiertes TopSight-Visier von Thales. Das Radar erlaubt die Bekämpfung von gleichzeitig vier Luftzielen mit aktiven Radarraketen. Im Gegensatz zur ersten MiG-29 können diese modernen Flugzeuge eine breite Palette präzisionsgelenkter Luft-Boden-Kampfmittel einsetzen, darunter Kh-31A (AS-17 Krypton) und (bei der MiG-29K/KUB) Kh-35 (AS-20 Kayak)-Raketen gegen Seeziele.

Indien orderte im Jahr 2004 zwölf MiG-29K und vier MiG-29KUB. Die ersten trafen Ende 2009 ein. Im folgenden Jahr unterzeichnete Neu-Delhi einen Vertrag über 29 weitere MiG-29K.

MiG-29KR

Die sowjetische Marine hatte nie die erste MiG-29K beschafft und konzentrierte sich stattdessen auf die Su-27K (später Su-33). Die russische Marine hingegen bestellte im Jahr 2012 die trägergestützte Fulcrum, 20 einsitzige MiG-29KR und vier zweisitzige MiG-29KUBR-Jäger. Diese Jets waren an Bord des Flugzeugträgers Admiral Kusnezow und auf einer Landbasis stationiert und nahmen 2016 an Kampfhandlungen über Syrien teil.

MiG-29M2

Jüngster Kunde für die MiG-29 der neuen Generation ist Algerien, das eine nicht genannte Anzahl von MiG-29M/M2-Jets bestellt hat. Dazu zählt auch diese zweisitzige MiG-29M2 mit der Seriennummer FB-99. Im Jahr 2019 wurde der Vertrag unterzeichnet, die Flugzeuge sollen ältere MiG-29S- und MiG-29UB-Jäger der algerischen Luftwaffe ersetzen.

Im Jahr 2012 beschaffte Russland eine eigene Version des Trägerflugzeugs für die Admiral Kusnezow, den einzigen Flugzeugträger der russischen Marine. Insgesamt erwarb Russland 20 MiG-29KR und vier MiG-29KUBR.

Parallel zur Marineversion entwickelte Mikojan die landgestützte MiG-29M (Izdeliye 9.41S) und die zweisitzige MiG-29M2 (Izdeliye 9.47S). Frühe Hoffnungen auf einen Export dieses Flugzeugs nach Syrien zerschlugen sich. Dafür erteilte Ägypten 2015 den ersten Exportauftrag über 46 Exemplare der Landversionen MiG-29M/MiG-29M2.

Erst 2018 vergaben die russischen Luft- und Weltraumkräfte einen Auftrag über nur sechs Flugzeuge, vier Izdeliye 9.41SR-Einsitzer und zwei Izdeliye 9.47SR-Zweisitzer, bekannt unter den Bezeichnungen MiG-35S und MiG-35UB. Die Bezeichnung MiG-35 war interessanterweise schon einmal bei dem erfolglosen Versuch verwendet worden, das Flugzeug im Rahmen des fehlgeschlagenen Wettbewerbs für mittlere Mehrzweckkampfflugzeuge an die indische Luftwaffe zu verkaufen. Daraus gingen die MiG-35 (Izdeliye 9.61) und die zweisitzige MiG-35D (Izdeliye 9.67) hervor. Sie verfügten über das Active Electronically Scanned Array (AESA)-Radar Zhuk-AE, kamen aber nicht über das Prototypenstadium hinaus. Ende 2020 wurden Lieferungen der ersten MiG-29M/MiG-29M2 an Algerien gemeldet. Berichten zufolge erwarb die Republik 14 Flugzeuge.

MIG-29M2

Abmessungen	Länge 17,37 m Spannweite 11,40 m Höhe 4,73 m
Startgewicht max.	26.500 kg
Antrieb	2 x 88,3 kN (19.850 lb) Klimov-RD-33MK-Turbofan mit Nachbrenner
Höchstgeschwindigkeit	2.100 km/h
Aktionsradius	1.700 km
Dienstgipfelhöhe	16.200 m (53.150 ft)
Besatzung	1 Pilot, 1 Waffensystemoffizier
Bewaffnung	eine GSch-301-30-mm-Bordkanone, bis zu 4.500 kg Außenlasten an neun Stationen (acht unter den Flügeln, eine unter dem Rumpf)

MiG-29M2

Die zweisitzige MiG-29M2 mit der Seriennummer 811 ist Teil eines ägyptischen Großauftrags über 46 bis 50 MiG-29M/M2-Varianten, von denen die ersten Exemplare im Oktober 2017 in Ägypten gesichtet wurden. Ägyptens Fulcrums können mit Schlauch- und Fangkorb-Betankungspods ausgerüstet werden und als Tanker für die Rafale-Flotte dienen.

Suchoi Su-30

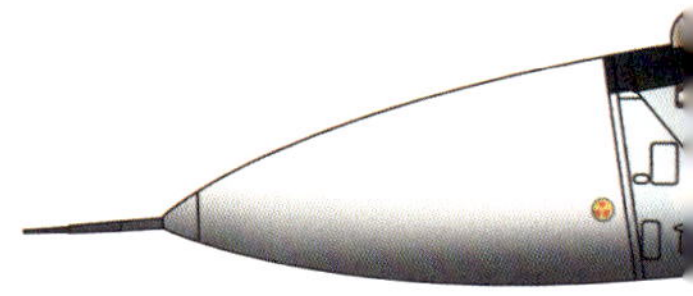

Das zweisitzige, äußerst wendige, schwere Mehrzweck-Kampfflugzeug Su-30 ist das erfolgreichste derzeit produzierte russische Jagdflugzeug.

Die Bezeichnung Su-30 steht für zwei eigenständige Flugzeugfamilien, hergestellt in Werken in Irkutsk und in Komsomolsk am Amur. Ihre Entwicklung fußt auf einer Langstrecken-Abfangjäger-Version der zweisitzigen Kampftrainer-Su-27UB-Flanker-C zum Ende der Sowjetzeit. Die erste Su-30 war im Grunde ein Flanker mit Luftbetankungssonde und einem taktischen Display im hinteren Cockpit. Der erste Prototyp flog am 30. Dezember 1989. Nur eine Handvoll Serienflugzeuge wurde für die – inzwischen russischen – Luftstreitkräfte fertiggestellt.

Auf Initiative Indiens entstand eine Mehrzweckversion. Die dortigen Streitkräfte hatten Interesse an der Su-30MK gezeigt, einer verbesserten Version der Su-30 für den Exportmarkt. 1996 begann das Werk in Irkutsk mit den Arbeiten an der Su-30MKI für Indien. Sie erhielt Canard-Flügel, AL-31FP-Schubvektortriebwerke, Fly-by-Wire und das Passive Electronically Scanned Array Radar N011M Bars. Die Cockpits wurden ebenfalls modernisiert. Vorn kam ein neues Head-up-Display hinzu, und beide Piloten verfügten nun über zwei Multifunktionsdisplays. Zum Feuerleitsystem gehören das Radar, ein elektrooptisches Visiersystem und ein am Helm montiertes Visier. Das Radar kann mit synthetischer Apertur das Gelände und Schiffziele erfassen und ist kompatibel mit Aktivradar-Luft-Luft-Flugkörpern sowie TV- und lasergelenkten Luft-Boden-Waffen.

Bis zur uneingeschränkten Verfügbarkeit der Su-30MKI erhielt Indien 18 Exemplare der vorläufigen Su-30K, einer Exportversion des Su-30-Abfangjäger-Grundmodells. Wegen mangelnder Eignung wieder ausgemustert, gingen diese Flugzeuge nach Weißrussland. Dort wurden zwölf Su-30K für Angola aufbereitet, offenbar in einer verbesserten Su-30KN-Version. Diese war ursprünglich als kostengünstiges Mehrzweckkampf-Upgrade für die Su-30 entwickelt worden, hatte aber keine Interessenten gefunden.

Im Jahr 2002 begannen Lieferungen von Su-30MKI an die indische Luftwaffe. Sie ist heute mit 272 bis 2020 ausgelieferten und weiteren zwölf bestellten Ersatzflugzeugen der größte Betreiber der Su-30-Baureihe. Ein erheblicher Prozentsatz dieser Flugzeuge wurde vor Ort im Nasik-Werk von Hindustan Aeronautics Limited hergestellt.

Der Erfolg der indischen Su-30MKI weckte das internationale Interesse. Folgeaufträge kamen von Algerien (Su-30MKA) und Malaysia (Su-30MKM). Diese Exportversionen weisen einige Unterschiede in der Ausrüstung auf, die Avionik stammt teils von westlichen Herstellern. Algerien hat Berichten zufolge einige seiner Flugzeuge für die Aufklärungs-

Su-30MKI

Eine Su-30MKI der Indian Air Force No. 102 Trisonics Squadron, stationiert auf der Chabua Air Force Station des Eastern Air Command. Als Reaktion auf Spannungen an den Staatsgrenzen zu China und Pakistan genehmigte das indische Verteidigungsministerium im Juli 2020 den Kauf weiterer zwölf Su-30MKI-Jäger. Dies erhöhte das Su-30MKI-Exportvolumen auf 284 Flugzeuge.

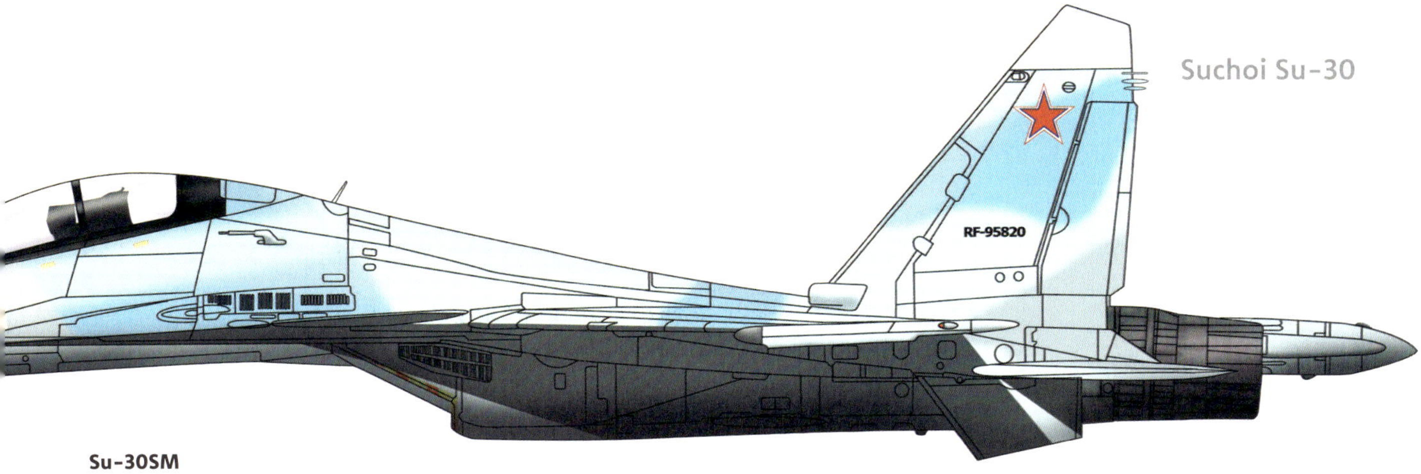

Su-30SM

Eine Su-30SM des russischen 31. Garde-Jagdfliegerregiments in Millerowo, einem Truppenteil unter dem Kommando der 4. Luftarmee und Luftverteidigung, im Juli 2020. Die russischen Luft- und Weltraumkräfte (VKS) bestellten im März 2012 Su-30SM in Chargen zu 30 Flugzeugen. 30 folgten im Dezember 2012 und 32 im April 2016. Die russische Marine bestellte weitere Jets.

rolle als Su-30MKA(R) modifiziert. Moskau erteilte 2012 einen Auftrag für den Mehrzweck-Flanker und erwarb in den Folgejahren mehrere Chargen der Su-30SM-Version für seine russischen Luft- und Weltraumkräfte und die Marine.

Die Su-30SM-Version ging anschließend an die früheren Sowjetstaaten Armenien und Weißrussland. Sie übernahmen bis Ende 2019 jeweils vier Exemplare, und beide Nationen planen den Aufbau vollwertiger Staffeln mit je zwölf Flugzeugen. Kasachstan erhielt 20 Su-30SM bis Ende 2020 und wird voraussichtlich weitere erwerben.

Die Su-30MK/Su-30SM-Serie hat noch die 30 Millimeter (1,2 Zoll) GSh-301-Kanone der ersten Su-27. Mit bis zu 8.000 Kilogramm an zwölf Außenträgern können die Flugzeuge aber weitaus mehr externe Beladung tragen als die Basis-Su-27 mit ihren 4.430 Kilogramm an zehn Außenträgern. Zu den Luft-Luft-Waffen zählen die semiaktive, radargelenkte R-27R/ER und die infrarotgelenkte R-27T/ET (AA-10 Alamo), das aktive Radar R-77 (AA-12 Adder) und Kurzstrecken-Luft-Luft-Raketen vom Typ R-73 (AA-11 Archer). Neben konventionellen Bomben und Raketen kann das Flugzeug im Luft-Boden-Einsatz Kh-59M (AS-18 Kazoo)-Abstandsraketen, Kh-31P/A (AS-17 Krypton)-Anti-Radar-/Anti-Schiff-Raketen und Kh-29 (AS-14 Kedge)-Raketen mit TV- oder Laserführung verwenden.

Die Su-30-Reihe aus Irkutsk ist am weitesten entwickelt, Versionen aus Komsomolsk am Amur sind etwas spartanischer ausgestattet. Sie beruhen auf der für China entwickelten Su-30MKK, einer kaum veränderten Su-27UB ohne Canards oder Schubvektorsteuerung und mit einem einfacheren Feuerleitsystem. Ein wichtiges Unterscheidungsmerkmal sind die höheren Heckflossen ohne die abgeschnittenen Spitzen der in Irkutsk hergestellten Su-30.

Nach der ersten Charge von 76 Su-30MKK erwarb China weitere 24 der leistungsfähigeren, für Langstreckeneinsätze der Marineflieger gegen Seeziele optimierte Su-30MK2-Jäger im Jahr 2004. Die Volksrepublik entschied sich anschließend jedoch für die Entwicklung eines eigenen Mehrzweckkampfflugzeugs mit der Bezeichnung J-11. Aus diesem in China produzierten Flanker-Derivat entstand die J-16. Diese beiden chinesischen Entwicklungen werden noch separat beschrieben.

Zu den Exportkunden für Flugzeuge aus Komsomolsk am Amur gehören Indonesien (zwei Su-30MKK und neun Su-30MK2), Vietnam (36 Su-30MK2V), Venezuela (24 Su-30MK2V) und Uganda (sechs Su-30MK2).

Russland erteilte 2009 eine erste Bestellung über Su-30M2-Flugzeuge. Sie dienen jetzt hauptsächlich als Trainer für künftige Piloten aufgerüsteter Su-27SM, Su-30SM und Su-57.

SU-30MKI

Abmessungen	Länge 21,94 m Spannweite 14,70 m Höhe 6,38 m
Startgewicht max.	38.800 kg
Antrieb	2 x 130,76 kN (29.396 lb) Saturn-AL-31FP-Schubvektor-Turbofan mit Nachbrenner
Höchstgeschwindigkeit	2.120 km/h
Aktionsradius	3.000 km
Dienstgipfelhöhe	17.300 m (56.758 ft)
Besatzung	1 Pilot, 1 Waffensystemoffizier
Bewaffnung	eine GSch-301-30-mm-Bordkanone, bis zu 8.000 kg Außenlasten an 12 Stationen

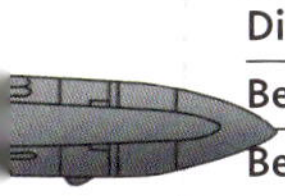

Suchoi Su-33 und Shenyang J-15

Die Su-33 wurde im Kalten Krieg für eine ehrgeizig geplante Zahl sowjetischer Flugzeugträger entwickelt. Am Ende diente sie nur an Bord eines einzigen Schiffes, der konventionell angetriebenen Admiral Kusnezow.

Die Su-33 hieß zunächst Su-27K, da es sich um eine nur geringfügig veränderte Trägervariante des Luftüberlegenheits- und Luftverteidigungsjägers Flanker-B handelte. Die dazu notwendigen Modifikationen umfassten Canardflügel, überarbeitete Flügelklappen, ein verstärktes Fahrwerk und einen Fanghaken. Zum platzsparenden Abstellen an oder unter Deck lassen sich Außenflügel, Leitwerke, Leitwerksträger und Radom einklappen. Die AL-31F-Triebwerke besitzen einige Modifikationen für den Seebetrieb. Das Flugzeug hat im Gegensatz zur landgestützten Su-27 eine Bordbetankungssonde plus optionalen Buddy-Betankungspod.

Was die Einsatzavionik angeht, weist das Feuerleitsystem nur geringfügige Änderungen zur Su-27 auf. N001K-Radar, elektrooptisches System und Helmvisier sind wie bisher vorhanden. Die Bewaffnungsoptionen gleichen denen der Flanker-B, aber der Marinejäger hat zwölf statt zehn externe Waffenstationen. So kann er ELOGM-Pods an den Flügelspitzen tragen, ohne auf Teile der Bewaffnung verzichten zu müssen. Der erste Su-27K-Prototyp mit der internen Suchoi-Bezeichnung T-10K-1 hob am 17. August 1987 zum Erstflug ab. Im November 1989 machte er seine erste Trägerlandung. Da die Flugzeugträger der Admiral-Kusnezow-Klasse über keine Katapulte verfügen, starten Flugzeuge von einer Ski-Jump-Rampe.

Eine zweisitzige Su-27KUB entstand als Prototyp eines Mehrzweck-Marinejägers mit nebeneinander angeordneten Pilotensitzen. Russland beschaffte aber nur 26 Serien-Einsitzer. Sie wurden zwischen 1993 und 1996 in Komsomolsk am Amur gebaut und 1998 mit der geänderten Bezeichnung Su-33 in Dienst gestellt.

Nach dem Untergang der Sowjetunion verblieben zwei T-10K-Versuchsflugzeuge in der Ukraine. Eines wurde 2007 nach China verkauft und dort zur Blaupause für die J-15. Dieser Jäger besitzt chinesische Avionik, ein modernes Glascockpit und Mehrrollenfähigkeit mit einheimischen Waffen. Die Marineflieger der Volksbefreiungsarmee setzten im Jahre 2012 zum ersten Mal eine J-15 an Bord des Flugzeugträgers Liaoning

SU-33

Abmessungen	Länge 21,20 m Spannweite 14,70 m Höhe 5,93 m
Startgewicht max.	33.000 kg
Antrieb	2 x 122,58 kN (27.557 lb) Saturn-AL-31F-Turbofan mit Nachbrenner
Höchstgeschwindigkeit	2.300 km/h
Aktionsradius	1.800 km
Dienstgipfelhöhe	17.000 m (55.775 ft)
Besatzung	1 Pilot
Bewaffnung	eine 30-mm-GSch-301-Bordkanone, bis zu 6.500 kg Außenlasten an 12 Stationen

Su-33

Die Su-33 Red 88 der russischen Marine im Juni 2016 im Dienst des 279. Selbstständigen Bordgestützten Jagdfliegerregiments. Nach einer ersten Bestellung von 30 Su-33 war die Produktion nach 26 Flugzeugen eingestellt worden. Ein Flugzeug ging noch vor der Auslieferung verloren. Es gab mindestens fünf weitere Flugunfälle im aktiven Dienst, darunter einen während eines Mittelmeer-Einsatzes der Admiral Kusnezow im Rahmen des Syrienfeldzuges im Dezember 2016.

Shenyang J-15

Eine J-15 der Volksbefreiungsarmee-Marineflieger (PLANAF) um 2017, stationiert auf dem Flugzeugträger Liaoning. Mindestens 36 J-15 STOBAR-fähige Serienflugzeuge (Short Take-Off but Arrested Recovery, Start per Ski-Jump und Landung mit Rückhalteseil) wurden für Chinas erste Träger fertiggestellt. 60 bis 70 Exemplare dürften insgesamt geplant sein.

der Kusnezow-Klasse ein. J-15 operieren auch vom Flugzeugträger Shandong aus, einer chinesischen Kusnezow-Version. Die Jets werden vermutlich die Mehrzahl der Flugzeuge für Chinas dritten, noch namenlosen Träger stellen. Da China derzeit ein elektromagnetisches Startsystem und ein dampfbetriebenes Katapult testet, wird der dritte Träger vermutlich Katapultstarts bieten. Eine entsprechend ausgerüstete J-15 (auch als J-15T bezeichnet) machte bereits Versuchsflüge. Die J-15T hat chinesische WS-10-Turbofan-Triebwerke anstelle der russischen AL-31-Motoren in älteren J-15.

Zwei weitere chinesische Marine-Flanker-Versionen sind bekanntermaßen in Entwicklung: die zweisitzige J-15S auf Basis der J-15 mit dem Cockpit der Mehrzweck-J-16 und die J-15D-Version für elektronische Kriegführung. Sie ist das Gegenstück zur EA-18G Growler der US Navy und trägt Störsender an den Flügelspitzen. Sobald Chinas dritter Flugzeugträger einsatzfähig ist, könnten beide Varianten, vielleicht auch in Kombination beider Typen, in Dienst gestellt werden.

J-15

Abmessungen	Länge 22,28 m Spannweite 15,00 m Höhe 5,92 m
Startgewicht max.	32.500 kg
Antrieb	2 x 132 kN (29.675 lb) Shenyang-WS-10A-Turbofan mit Nachbrenner
Höchstgeschwindigkeit	2.550 km/h
Aktionsradius	1.500 km
Dienstgipfelhöhe	20.000 m (66.000 ft)
Besatzung	1 Pilot
Bewaffnung	eine 30-mm-GSch-301-Bordkanone, bis zu 6.500 kg Außenlasten an 12 Stationen, darunter PL-8- und PL-12-Luft-Luft-Raketen, YJ-83KH-Bodenangriffsrakete, YJ-83K-Rakete gegen Überwasserziele

Eine Suchoi Su-33 der russischen Marine hebt nach der Modernisierung mit dem Gefest-System vom Flughafen Moskau-Schukowski ab.

Suchoi Su-35

Planungen für einen stark verbesserten, mehrrollenfähigen Flanker-Einsitzer gab es bereits in den 1980er-Jahren. Durch den Niedergang der Sowjetunion wurden sie jedoch nicht mehr verwirklicht.

Erst in den frühen 2000er-Jahren nahm man die Arbeiten ernsthaft wieder auf. Das Ergebnis ist die leistungsfähigste Weiterentwicklung der Su-27. Sie wird vermutlich als kostengünstige Alternative zur modernen Su-57 dienen.

Bereits 1988 fertigte Suchoi den Su-27M-Jäger als deutlich verbesserte Version der Su-27 Flanker-B. Er bekam Canardflügel, Schubvektor-Triebwerke und ein Passive Electronically Scanned Array-Radar. Nach dem Bau von zwölf Testflugzeugen entstanden Mitte der 1990er-Jahre drei Serienjäger, doch Russland und die Exportkunden zeigten kein ernsthaftes Interesse. Letztere entschieden sich stattdessen für Versionen der zweisitzigen Su-30.

Zu Beginn des neuen Jahrhunderts griff Suchoi die Idee eines modernisierten, einsitzigen Flankers erneut auf und entwickelte die Su-35BM (Bolschaja Modernisatsija – große Modernisierung). Sie wurde für den Export optimiert, doch schon zum Ende des Jahrzehnts zeigte Russland Interesse an dem mittlerweile Su-35 genannten Jet.

Die Su-35 verfügt im Gegensatz zur Su-27 über ein neu entwickeltes, vierfach redundantes Fly-by-Wire. Den Antrieb versehen zwei Schubvektor-Turbofans vom Typ Saturn AL-41F-1S. Sie sorgen in Verbindung mit den Canardflügeln für extreme Manövrierfähigkeit.

An Avionik bietet die Su-35 ein computergesteuertes Feuerleitsystem mit dem Passive Electronically Scanned Array Radar N135 Irbis und dem Elektronischen-Gegenmaßnahmen-System Khibiny-M. Das neue Radar kann gleichzeitig Ziele suchen und 30 Luftziele verfolgen, von denen acht zeitgleich bekämpft werden können. Das Radar verfügt auch über Luft-Boden-Modi und ist mit den meisten Präzisionswaffen der (gesondert beschriebenen) Su-30SM kompatibel. Der Pilot verfügt über elektro-optischen Sensor und Helmvisier.

Die Luft-Luft-Bewaffnung ähnelt ebenfalls derjenigen der Su-30SM. Eine weitere Option ist die sehr weit reichende R-37M (AA-13 Axehead). Sie soll vermutlich gegen hochwertige Ziele wie Frühwarn- und Tankflugzeuge eingesetzt werden.

Die Selbstschutzeigenschaften des Jägers wurden erheblich verbessert. Die oben erwähnte Khibiny-M-Ausrüstung wird von Pastel-Radarwarnempfängern ergänzt, die auch Ziele für Anti-Radar-Raketen identifizieren. Darüber hinaus ist ein elektrooptisches Raketenanflugwarnsystem installiert, dessen Sensoren für optimale Abdeckung rund um den Rumpf verteilt sind. Sie warnen den Piloten bei Raketenstarts vom Boden oder in der Luft, zudem fassen zwei Laserwarnsensoren Laser-Entfernungsmesser auf, die das Flugzeug verfolgen könnten. Neben Täuschkörper-Behältern im Heckstachel

Su-35BM

Die Entwicklung der Su-35BM für den Export begann Anfang der 2000er-Jahre mit Suchoi-Geldern. Der Prototyp 901 flog erstmals am 19. Februar 2008. Nach zwei weiteren Prototypen und einem Exemplar für Bodentests wählte die damalige russische Luftwaffe das Flugzeug unter der Bezeichnung Su-35S aus und bestellte die ersten 48 Exemplare im August 2009.

können zur Kapazitätserweiterung des Khibiny-M-Systems zusätzlich Jamming-Pods an den Flügelspitzen angebracht werden.

Im August 2009 bestellte Moskau 48 Exemplare des in Russland als Su-35S bezeichneten Jagdflugzeugs. Die ersten davon wurden Ende 2011 vom Werk Komsomolsk am Amur an die russische Luftwaffe ausgeliefert. Die frisch umbenannten russischen Luft- und Weltraumkräfte orderten Ende 2015 eine weitere Charge von 50 Flugzeugen, von denen die letzten Ende 2020 übergeben wurden. Weitere Bestellungen sind angesichts der wenigen, bislang übergebenen Su-57 recht wahrscheinlich.

Der erste Exportkunde für die Su-35 war China. Das erste von 24 bestellten Flugzeugen traf im Dezember 2016 ein. Ende 2018 unterzeichnete Ägypten einen Vertrag für diesen Flugzeugtyp. Es erhielt bis 2020 mindestens sechs Su-35 von 24 oder mehr bestellten Flugzeugen.

SU-35

Abmessungen	Länge 22,18 m Spannweite 14,70 m Höhe 6,23 m
Startgewicht max.	34.000 kg
Antrieb	2 x 122,6 kN (27.562 lb) Saturn-AL-41F-1S-Schubvektor-Turbofan mit Nachbrenner
Höchstgeschwindigkeit	2.095 km/h
Aktionsradius	1.850 km
Dienstgipfelhöhe	18.000 m (59.055 ft)
Besatzung	1 Pilot
Bewaffnung	eine GSch-301-30-mm-Bordkanone, bis zu 8.000 kg Außenlasten an 12 Stationen

Su-35

Im März 2019 wurde berichtet, dass Ägypten und Russland einen 2-Milliarden-Dollar-Vertrag über die Lieferung von 30 Su-35-Jägern unterzeichnet haben. Sie sollten im Suchoi-Werk in Komsomolsk am Amur gebaut werden. Die ersten Flugzeuge wurden vor ihrer Auslieferung im Juli 2020 beobachtet. Einen Monat später erfolgte die Bestätigung des Vertrages.

Chengdu J-10

Die J-10, in China volkstümlich Starker Drache genannt, stellt einen Meilenstein in der Militärluftfahrt des Landes dar. Sie ist das erste echte Mehrzweck-Kampfflugzeug der 4. Generation aus chinesischer Produktion und im Einsatz.

Die Entwicklung begann in den frühen 1980er-Jahren. Chengdu entschied sich für einen Delta-Nurflügler mit Canards und Triebwerkseinlass unter dem Rumpf. Wiederholt wurde behauptet, Elemente des Chengdu-Entwurfs stammten vom israelischen Lavi-Jägerprojekt. Es gab sicherlich Kontakte unter den Konstrukteuren beider Staaten, doch sollen sich diese in erster Linie mit dem Fly-by-Wire-System der J-10 befasst haben.

Verzögerungen im Programm führten dazu, dass erst Anfang der 1990er-Jahre ein Modell in Originalgröße fertiggestellt werden konnte. Offenbar ließen Probleme bei der Entwicklung des WS-10-Triebwerks das gesamte Projekt beinahe scheitern.

Chengdu entschied sich anstelle des einheimischen Triebwerks für das russische AL-31FN. Es diente dem Prototyp der J-10 bei seinem Jungfernflug am 23. März 1998 als Antrieb. Die anschließenden Flugtests verliefen offenbar ziemlich reibungslos, und im Juni 2004 stand das neue Jagdflugzeug den Luftstreitkräften der Volksbefreiungsarmee (PLAAF) einsatzbereit zur Verfügung.

Auf die J-10 der Erstproduktion folgte bald die J-10A mit verbesserter Avionik, darunter das neueste Feuerleitradar vom Typ 1473G. Dazu kamen weitere Varianten heraus: die J-10AH für den landgestützten Einsatz bei der Marine, der zweisitzige Kampftrainer J-10AS mit Tandemsitzen und einer verlängerten Rückenfinne und die J-10ASH, eine Trainerversion für die Marine. Kleinere Modifikationen am Ein- und Zweisitzer ergaben die Versionen J-10AY und J-10SY, eingesetzt beim Kunstflugteam 1. August der PLAAF. Die J-10 ging mit einer relativ einfachen Luft-Luft-Bewaffnung in den Einsatz, bestehend

J-10

Abmessungen	Länge 16,43 m Spannweite 9,75 m Höhe 5,73 m
Startgewicht max.	19.300 kg
Antrieb	1 x 124,5 kN (27.989 lb) Saturn-AL-31FN-Turbofan mit Nachbrenner
Höchstgeschwindigkeit	2.327 km/h
Aktionsradius	1.850 km
Dienstgipfelhöhe	18.000 m (59.055 ft)
Besatzung	1 Pilot
Bewaffnung	eine doppelläufige 23-mm-GSch-23-Bordkanone, bis zu 8.000 kg Außenlasten an elf Stationen

Ein Chengdu-J-10A-Jäger der Volksbefreiungsarmee auf dem Luftwaffenstützpunkt von Djagilewo (Russland). Die Aufnahme entstand während der Aviadarts International Army Games im August 2019.

Chengdu J-10B

Eine J-10B mit der Seriennummer 10537, stationiert beim 5. Regiment der 2. Division der PLAAF in Guilin. Das B-Modell unterscheidet sich äußerlich von der J-10A durch den festen, umlenkerlosen Überschalleinlass (DSI), Infrarot-Such- und Spursensoren vor der Cockpithaube und das überarbeitete Radom, welches dem Flugzeug eine neue Linienführung gibt.

aus der Infrarot-Kurzstreckenrakete-PL-8 und der semiaktiven, radargelenkten PL-11-Mittelstrecken-Luft-Luft-Rakete.

Das Flugzeug erhielt nach und nach neue Waffen und Sensoren, darunter die aktiv radargeführte PL-12-AAM-Mittelstrecken-Luft-Luft-Rakete und später präzisionsgelenkte LS-500J-Bomben mit einem FLIR/Laser-Targeting-Pod. Flugzeuge der Versionen PL-8 und PL-12 werden seit einiger Zeit durch die neuen PL-10 und PL-15 ersetzt.

Das moderne Cockpit der J-10 ist mit einem Weitwinkel-Head-up-Display, zwei monochromen Multifunktionsdisplays (MFDs) und einem Farb-MFD ausgestattet. Der Pilot verfügt über ein am Helm montiertes Visier und Hands-on-Throttle-and-Stick (HOTAS).

Die Ende 2008 vorgestellte J-10B ist eine stark verbesserte Weiterentwicklung des Jägers. Zu den Hauptmerkmalen zählen der feste, umlenkerlose Überschalleinlass (DSI), ein neu gestaltetes Radom, ein Infrarot-Such- und Verfolgungssensor und ein holografisches Weitwinkel-Head-up-Display. Die ersten J-10B hatten noch das AL-31FN-Triebwerk. Der fünfte Prototyp erhielt das einheimische WS-10B. Die nächste Produktionscharge wechselte, vermutlich wegen anhaltender Probleme mit dem chinesischen Gegenstück, wieder auf das russische Triebwerk. Bemerkenswert ist, dass das chinesische Triebwerk bereits einige Jahre zuvor in allen Serien-Jägern vom Typ J-11 und J-16 verwendet worden war. Im Jahr 2016 wurde die J-10B durch die J-10C mit dem aktuellen Active Elektronically Scanned Array (AESA)-Radar ersetzt. Seit etwa 2019 ist das WS-10-Triebwerk standardmäßig in der J-10C eingebaut. Eines der J-10B-Flugzeuge wurde mit einer Schubvektor-Version dieses Triebwerks getestet. Es ist allerdings unklar, ob diese Variante bei künftigen Serienversionen Verwendung finden wird. Möglicherweise wird die Schubvektor-J-10B stattdessen in erster Linie als Triebwerksprüfstand für den J-20-Jäger der 5. Generation dienen.

Chengdu J-10B

Die Seriennummer 1035 gilt als fünfter Prototyp der J-10B und wurde von Chengdu für Tests genutzt. Mit der J-10B wurde ein neues X-Band-Passive-Electronically-Scanned-Array-Radar eingeführt, die J-10C erhielt ein Active-Electronically-Scanned-Array-Radar. Ein Prototyp der J-10B wurde mit einem WS-10B-Triebwerk und Schubvektordüse getestet.

Shenyang J-11 und J-16

Als die erste Su-27 Anfang der 1990er-Jahre bei der Luftwaffe der Volksbefreiungsarmee (PLAAF) in Dienst gestellt wurde, war sie deren erstes modernes Jagdflugzeug der 4. Generation.

Der Erfolg des sowjetischen Entwurfs war so groß, dass Peking einen Lizenzfertigungsvertrag für den Jäger abschloss. China entwickelte den Jäger später weiter und brachte sukzessive leistungsfähigere Varianten mit immer mehr einheimischer Technologie auf den Markt.

Nach dem Kauf von drei Chargen einsitziger Su-27SK-Jäger und zweisitziger Su-27UBK-Trainer mit einem Umfang von 78 Flugzeugen unterzeichnete China mit Russland einen 1,2-Milliarden-US-Dollar-Lizenzvertrag über den Lizenzbau von 200 Su-27SK mit der eigenen Bezeichnung J-11. Hersteller sollte Shenyang sein, Russland das Standard-Turbofan-Triebwerk AL-31F liefern.

Shenyang begann mit der Montage aus Russland gelieferter Bausätze. Als die Produktion Fahrt aufnahm, kam ein größerer Anteil einheimischer Komponenten hinzu, bis hin zur vollen Serienproduktion ohne Triebwerke. Bis 2004 lieferte Russland rund 95 Bausätze. China hatte inzwischen bereits mit der Produktion seiner ersten einheimischen Variante J-11A begonnen. Es brachte die älteren Flugzeuge mit einem neuen Digitalcockpit und Multifunktionsdisplays auf den gleichen Standard.

Die Produktion wechselte anschließend auf die anspruchsvollere J-11B mit chinesischem Multi-Mode-Radar und chinesischen WS-10A-Triebwerken. Ihr Prototyp machte 2004 seinen Erstflug. Aufgrund von Problemen mit dem neuen Triebwerk wurden Flugzeuge der ersten Serie mit dem alten AL-31F ausgeliefert. Ende 2009 folgte die Einführung des chinesischen Turbofan-Triebwerks.

Die J-11B kann mit ihrem Radar vom Typ 1493 sechs bis acht Ziele verfolgen und vier gleichzeitig bekämpfen. Der Pilot verfügt über ein überarbeitetes Glascockpit mit fünf Multifunktionsdisplays und Weitwinkel-Head-up-Display. Elektronische Gegenmaßnahmen und die meisten Waffen einschließlich der Kurzstrecken-Infrarotrakete PL-8 und Aktivradar-PL-12-Luft-Luft-Raketen stammen aus chinesischer Produktion.

J-11A

Abmessungen	Länge 21,90 m Spannweite 14,70 m Höhe 5,92 m
Startgewicht max.	33.000 kg
Antrieb	2 x 125,8 kN (28.281 lb) Saturn-AL-31F3-Turbofan mit Nachbrenner
Höchstgeschwindigkeit	2.500 km/h
Aktionsradius	1.500 km
Dienstgipfelhöhe	19.000 m (62.336 ft)
Besatzung	1 Pilot
Bewaffnung	eine 30-mm-GSch-301-Bordkanone, bis zu 6.000 kg Außenlasten an zehn Stationen

J-11A
Diese J-11A der 16. Luftbrigade der PLAAF in Jinchuan trägt am Bug ungewöhnliche Abzeichen in Form eines geflügelten Löwenkopfes. Die J-11A-Version flog erstmals im Dezember 1999 und wurde bis Ende 2006 105 Mal hergestellt, teils auch durch Modernisierung älterer Flugzeuge. Auf sie folgte die J-11B.

J-16

Eine J-16 der 98. Luftbrigade der PLAAF im Oktober 2018. Die J-16 ist das wohl leistungsfähigste Mehrzweck-Angriffsflugzeug und eines der wertvollsten Einsatzmittel der chinesischen Luftstreitkräfte. Die J-16 verbindet Merkmale der russischen Su-30MKK (etwa die Betankungssonde und das zweirädrige Bugfahrwerk) mit chinesischen WS-10A-Triebwerken und moderner einheimischer Avionik, darunter AESA-Radar.

Obwohl es nie eine Lizenzvereinbarung über einen Zweisitzer gab, baute Shenyang eine eigene Version der Su-27UBK nach dem Standard der J-11B mit der Bezeichnung J-11BS. Die Marineflieger der Volksbefreiungsarmee (PLANAF) betreiben beide B-Versionen unter den Bezeichnungen J-11BH und J-11BSH.

Das wichtigste Merkmal der nächsten Variante J-11D ist das Active Electronically Scanned Array (AESA)-Radar aus chinesischer Herstellung. Hinzu kommen ein digitales Fly-by-Wire-System, eine leichtere, weitgehend aus Verbundwerkstoffen bestehende Struktur und eine Betankungssonde. Der genaue Status dieses Programms ist unklar. Möglicherweise wurde es nach dem Kauf der russischen Su-35 aufgegeben oder verlor mit Einführung der J-20 seine Priorität.

In der Zwischenzeit waren bereits die Arbeiten an der zweisitzigen J-16 im Gange, einer speziellen einheimischen Mehrzweck-Angriffsversion des Flankers. Die J-16 verfügt über eine Bordbetankungssonde und AESA-Radar und stammt sichtbar von der russischen Su-30MKK ab, die ebenfalls ein zweirädriges Bugfahrwerk und größere Seitenleitwerke hat.

J-16

Die J-16 erschien 2012 und wird von WS-10A-Turbofans angetrieben, die die russischen AL-31F chinesischer Flanker mittlerweile komplett abgelöst haben. Die J-16 verfügt über AESA-Radar, ein einteiliges Panorama-Touchscreen-Display und eine breite Palette hochentwickelter Luft-Boden-Waffen, darunter die KD-88-Rakete, die lasergelenkte Bombe LS-500J und Behälter für Abstandswaffen-Submunition.

Wie es sich für einen Mehrzweckjäger gehört, kann die J-16 auch Luft-Luft-Raketen tragen, darunter die Kurzstreckenrakete PL-10, die Mittelstreckenraketen PL-12 und PL-15 sowie eine offenbar noch nicht identifizierte Luft-Luft-Rakete sehr hoher Reichweite, die voraussichtlich zum Einsatz gegen Frühwarnflugzeuge und Tanker vorgesehen ist.

Es gibt auch eine J-16D-Version zur Unterdrückung gegnerischer Luftabwehr mit einem neuen AESA-Radar, Antennen für die elektronische Kriegsführung und großen Störsender-Behältern an den Flügelspitzen.

Mitsubishi F-2

Die Mitsubishi F-2 sieht der F-16 sehr ähnlich und entstand auf deren Basis für die Japan Air Self-Defense Force (JASDF). Mitsubishi Heavy Industries und Lockheed Martin teilten sich die Entwicklung.

Die Arbeitsteilung in der Produktion verteilte sich ungefähr 60:40 zugunsten der japanischen Industrie. Auch wenn lediglich 94 Serienflugzeuge und vier Prototypen zu ähnlich hohen Stückkosten wie denjenigen der größeren F-15 gebaut wurden, spielen diese Jets heute eine wichtige Rolle für die JASDF.

Das Mehrzweckflugzeug F-2 wurde Mitte bis Ende der 1980er-Jahre für die Luft-Boden- und Seeziel-Rolle zum Schutz von Japans Seewegen entwickelt. Es ist aber auch für die Luftverteidigung ausgerüstet.

Der erste F-2-Prototyp machte seinen Jungfernflug am 7. Oktober 1995. Die Produktion umfasste die einsitzige F-2A und die zweisitzige F-2B. Letztere hat eine etwas geringere Treibstoffkapazität bei voller Kampffähigkeit.

F-2A

Abmessungen	Länge 15,52 m Spannweite 11,13 m Höhe 4,96 m
Startgewicht max.	22.100 kg
Antrieb	1 x 131,7 kN (29.607 lb) General-Electric-F110-IHI-129-Turbofan mit Nachbrenner
Höchstgeschwindigkeit	2.470 km/h
Aktionsradius	833 km
Dienstgipfelhöhe	18.000 m (59.000 ft)
Besatzung	1 Pilot
Bewaffnung	eine sechsläufige 20-mm-JM61A1-Gatling-Bordkanone, bis zu 8.000 kg Außenlasten

Die F-2 hat im Vergleich zur F-16 eine etwa 25 Prozent größere Flügelfläche sowie einen rund 43 Zentimeter längeren Rumpf. Zwischenzeitlich waren kleine Canardflügel geplant. Die Idee wurde an einer speziell konfigurierten T-2 getestet, aber nach Fertigstellung eines Modells in Originalgröße wieder verworfen. Fly-by-Wire und integriertes elektronisches Kriegsführungssystem stammen aus Japan. Das Flugzeug ist mit einer Reihe einheimischer Luft-Boden- und Luft-Luft-Waffen ausgerüstet. Dank des größeren Flügels stehen im Vergleich zur F-16 zwei zusätzliche Waffenstationen sowie zusätzliche Treibstoffkapazität für mehr Reichweite zur Verfügung. Ein weiteres, subtiles Unterscheidungsmerkmal ist das zweiteilige, robuster konstruierte Cockpitdach zum Schutz vor Vogelschlägen im Tiefflug über dem Meer.

Zu den Sensoren gehören, als erste ihrer Art in einem Einsatzjäger, das später auf den APG-2-Standard aufgerüstete Active Electronically Scanned Array (AESA)-Radar J/APG-1 und der Sniper Advanced Targeting Pod von Lockheed Martin. Der Großteil der Avionik stammt aus japanischer Produktion. Ansonsten ist das Cockpit der F-2 einschließlich des Sidestick-Controllers weitgehend identisch mit dem der F-16.

F-2A

Diese einsitzige F-2A mit der Seriennummer 03-8509 trägt die Samurai-Insignien der taktischen Jagdstaffel 3 Hikotai der Japan Air Self-Defense Force am Heck. Nach dem Bau von zwei XF-2A-Prototypen erhielt die JASDF 62 F-2A-Serienflugzeuge, von denen das letzte im September 2011 ausgeliefert wurde. Sie dienen bei drei Einsatzstaffeln.

F-2-Jäger der 8th Air Wing der Japan Air Self-Defense Force beim Überflug über das Tsuiki Air Field im Jahr 2018.

Die F-1 kann bis zu vier japanische Seezielraketen tragen, wahlweise die Unterschallwaffen ASM-1 mit aktivem Radar und ASM-2 mit Infrarot-Suchkopf oder die Überschallrakete ASM-3 mit Staustrahlantrieb. Zur Selbstverteidigung stehen die von den USA gelieferte AIM-7-Sparrow-Luft-Luft-BVR-Rakete und die infrarotgelenkte Kurzstreckenrakete AIM-9 Sidewinder zur Verfügung. Zu den japanischen Waffenoptionen zählen die Kurzstrecken-AAM-3 und die BVR-Rakete AAM-4 mit aktivem Radarsuchkopf. Die Optionen für Offensivwaffen wurden in der Einsatzzeit der F-2 weiter erhöht. So steht beispielsweise die präzisionsgelenkte 227 Kilogramm (500 Pfund) GCS-1-Bombe oder die in den USA hergestellte Joint Direct Attack Munition (JDAM) zur Verfügung.

Als ein Tsunami im März 2004 über den Luftwaffenstützpunkt Matsushima hinwegfegte, traf er auch die F-2-Flotte der JASDF und beschädigte 18 Flugzeuge. Bis auf eine Handvoll konnten aber alle wieder in einen flugfähigen Zustand versetzt werden. Sie stehen bis heute bei drei Einsatz- und einer Trainingsstaffel in Hyakuri, Matsushima und Tsuiki im Dienst.

Die F-2 soll einmal durch einen völlig neuen japanischen Tarnkappenjäger ersetzt werden. Er befindet sich derzeit im Rahmen des F-X-Programms von Mitsubishi Heavy Industries in der Entwicklung und wird vermutlich die Bezeichnung F-3 tragen.

F-2B

Zweisitzige F-2B wie die Seriennummer 33-8122 dienen überwiegend zu Trainingszwecken bei 21 Hikotai, einer Staffel des Air Training Command der JASDF in Matsushima. Die F-2B-Produktion umfasste zwei XF-2B-Prototypen und 32 Serienflugzeuge.

PAC JF-17 Thunder

Der JF-17-Jäger wurde gemeinsam von Chengdu und dem Pakistan Aeronautical Complex (PAC) entwickelt. Dieses Flugzeug ist speziell auf die Anforderungen der pakistanischen Luftwaffe zugeschnitten, die einen Nachfolger für ihre alternden Chengdu F-7, Dassault Mirage, Nanchang A-5 und Shenyang F-6-Flotten benötigte.

1999 unterzeichneten China und Pakistan eine Vereinbarung über die gemeinsame Entwicklung und Herstellung des neuen Flugzeugs. Die Arbeiten gingen schnell voran, und ein erster Prototyp des JF-17 flog schon am 25. August 2003. Das Flugzeug hat ein russisches RD-93-Turbofan-Triebwerk, eine verbesserte Version des RD-33. Es dient auch der MiG-29 als Antrieb. Das Radar war anfangs ein mechanisch gesteuertes, chinesisches, gemeinsam mit PAC entwickeltes und gebautes KLJ-7(V)2. Auf sechs Prototypen folgte eine Charge von acht Vorserienflugzeugen. Im Jahr 2008 begann PAC in seinem Werk in Kamra mit der Serienfertigung der JF-17.

Nach der Lieferung der ersten 50 JF-17 an die PAC stellte man die Produktion auf die verbesserte Version JF-17 Block 2 um. Sie hat eine leistungsfähigere Avionik, verstärkte Flügelwurzeln für zusätzliche Außenlasten, eine Betankungssonde und weitere Einsatzverbesserungen.

Die ersten Block 1-Jets waren Einsitzer. Block 2 wird als einsitzige JF-17A und zweisitzige JF-17B angeboten. Letztere dient auch der Jagdflieger-Grundschulung. Vor kurzem brachten Chengdu und PAC eine Block-3-Version der JF-17A heraus. Sie verfügt über Active Electronically Scanned Array (AESA)-Radar KLJ-7A, verbessertes Fly-by-Wire, Infrarot-Suche und -Verfolgung, ein am Helm montiertes Display und ein größeres, holografisches Weitwinkel-Head-up-Display.

Die JF-17 ersetzt nach und nach ältere Jagdflugzeuge der PAC. Sie erzielte auch einige Exporterfolge in Myanmar und Nigeria. Über die Flotte Myanmars ist nur wenig bekannt. Im November 2016 wurde die Bestellung einer unbestimmten Zahl von JF-17 bestätigt, im Juni 2017 die Auslieferung der ersten Exemplare vermerkt. Der Typ wurde möglicherweise Ende 2018 bei der Luftwaffe von Myanmar eingeführt.

JF-17A BLOCK 2

Abmessungen	Länge 13,95 m Spannweite 9,50 m Höhe 5,02 m
Startgewicht max.	12.500 kg
Antrieb	1 x 81,3 kN (18.277 lb) Klimov-RD-93-Turbofan mit Nachbrenner
Höchstgeschwindigkeit	1.910 km/h
Aktionsradius	1.200 km
Dienstgipfelhöhe	16.500 m (54.133 ft)
Besatzung	1 Pilot
Bewaffnung	eine doppelläufige 23-mm-GSch-23-Bordkanone, bis zu 1.500 kg Außenlasten an sieben Stationen

JF-17 Thunder
Diese Block 1-Thunder gehört zur Combat Commander School (CCS) der pakistanischen Luftwaffe, die auch eine JF-17-Staffel auf der PAC-Basis Mushaf betreibt. Bis Mitte März 2008 hatten die pakistanischen Streitkräfte acht Vorserienflugzeuge erhalten. Die JF-17 Thunder wurde aber erst Anfang 2010 offiziell in Dienst gestellt, als die 26 Squadron auf der PAC-Basis Kamra auf diesen Flugzeugtyp wechselte.

HAL LCA Tejas 

Das leichte Kampfflugzeug (LCA Light Combat Aircraft) von Hindustan Aeronautics Limited (HAL) ist das erste vollständig in Indien entwickelte und gebaute Kampfflugzeug seit der HAL HF-24 Marut aus den 1950er-Jahren. Es trägt bei der indischen Luftwaffe den Namen Tejas.

Die Ursprünge der Tejas reichen bis in die frühen 1980er-Jahre zurück, als die indische Luftwaffe nach Ersatz für die MiG-21 und die leichten Jäger Gnat und Ajeet Ausschau hielt. Das Projekt wurde 1983 offiziell gestartet und sah vor, in Indien das Turbofan-Triebwerk, die Fly-by-Wire-Technologie, Verbundwerkstoff-Strukturen, Systeme für die elektronische Kriegsführung und Radargeräte zu entwickeln. Dieses ehrgeizige Unterfangen musste zwangsläufig zu Verzögerungen führen, so dass sowohl Entwicklung wie auch Konstruktion erst im Jahr 1991 in vollem Umfang begonnen werden konnten.

Der erste von zwei Tejas-Prototypen machte am 4. Januar 2001 den Erstflug. Weitere fünf Prototypen folgten. Sie erhielten ein israelisches Elta EL/M-2032-Radar und ein General Electric F404-Triebwerk, was den einheimischen Produktionsaufwand verringerte.

Nach weiteren Entwicklungsarbeiten am sogenannten Limited Series Production Aircraft erklärte die indische Luftwaffe das LCA im Dezember 2013 für einsatzbereit. Inzwischen hatte auch eine erste Trägerversion, das Naval LCA, ihren Erstflug gemacht. Es war für Flugzeugträger der indischen Marine vorgesehen, wurde aber von dieser nicht übernommen.

Das erste Serienflugzeug wurde im Januar 2015 an die IAF übergeben. Die Streitkräfte erhielten zunächst 20 Tejas Mk1 in einer Initial Operating Capability (IOC)-Version. Ende 2019 folgten 20 Jets in Full Operating Capability (FOC)-Ausführung, darunter die ersten zweisitzigen Trainer. Die IAF erhält weitere 83 Flugzeuge mit dem verbesserten Tejas Mk1A-Standard, der unter anderem ein Active Electronically Scanned Array (AESA)-Radar und verbesserten Selbstschutz für die elektronische Kriegsführung bot.

TEJAS MK 1

Abmessungen	Länge 13,20 m Spannweite 8,20 m Höhe 4,40 m
Startgewicht max.	13.500 kg
Antrieb	1 x 84,5 kN (19.000 lb) General-Electric-F404-GE-IN20-Turbofan mit Nachbrenner
Höchstgeschwindigkeit	1.980 km/h
Aktionsradius	500 km
Dienstgipfelhöhe	16.000 m (53.500 ft)
Besatzung	1 Pilot
Bewaffnung	eine doppelläufige 23-mm-GSch-23-Bordkanone, bis zu 5.300 kg Außenlasten an acht Stationen

Tejas Mk1

Das Flugzeug mit der Seriennummer LA-5018 ist die erste nach dem FOC-Standard (Final Operational Clearance) fertiggestellte Tejas Mk1 der indischen Luftwaffe. Es wurde im Mai 2020 von der No. 18 Squadron Flying Bullets auf der Sulur Air Force Station in Dienst gestellt. Es ist die zweite Tejas-Einheit nach der ebenfalls dort beheimateten No. 45 Squadron Flying Daggers.

MEHRZWECK-KAMPFFLUGZEUGE DER 5. GENERATION

Die erlesene Auswahl von Kampfflugzeugen der 5. Generation umfasst nur eine Handvoll Modelle und besitzt gleichzeitig die besten Einsatzfähigkeiten: üblicherweise Tarnkappen-Eigenschaften, hohe Manövrierfähigkeit mit Supercruise-Flugleistungen und eine hochintegrierte Avionik. Eine Vielzahl aktueller Sensoren sorgt für ein schnelles Lagebild, das mit vielen anderen Nutzern geteilt werden kann.

DIESES KAPITEL BEHANDELT FOLGENDE FLUGZEUGE:

- Lockheed Martin F-22A Raptor
- Lockheed Martin F-35 Lightning II
- Suchoi Su-57
- Chengdu J-20

Eine F-22A Raptor der 95th Expeditionary Fighter Squadron auf der Al Dhafra Air Base (Vereinigte Arabische Emirate) durchquert 2018 den syrischen Luftraum.

Lockheed Martin F-22A Raptor

Die F-22A Raptor ist zweifellos der derzeit leistungsfähigste Allround-Luftüberlegenheitsjäger der US Air Force. Sehr wahrscheinlich auch im Rest der Welt.

Das F-22-Programm war die Antwort auf die wachsende Bedrohung neuer sowjetischer Jäger zum Ende des Kalten Krieges. Es gipfelte in einem Stückpreis von über 130 Millionen US-Dollar pro Flugzeug, was zur Kürzung der Gesamtproduktion auf nur 187 Raptors führte. Sie sind heute eine hoch gepriesene Wunderwaffe der US Air Force, freilich weit entfernt von den einst 648 als Rückgrat der Streitkräfte geplanten Flugzeuge.

Die F-22 wurde völlig neu entwickelt, um auch im stark umkämpften Luftraum die Oberhand zu erlangen. Ihre Eigenschaften sind heute Standard für Jäger der 5. Generation: Rundum-Tarnkappenfähigkeit gegen feindliches Radar und andere Sensoren, Supercruise (Überschallflug ohne Nachbrenner) und moderne, integrierte Avionik.

Die F-22 entstand im Rahmen des Programms für einen Advanced Tactical Fighter (ATF). 1981 erfolgte eine Bedarfsfeststellung als Ersatz für F-15 und F-16 der US Air Force. Zwei konkurrierende Prototypen, die YF-22 von Lockheed Martin und die YF-23 von Northrop/McDonnell Douglas, machten Ende der 1990er-Jahre ihre Erstflüge.

Nach den Vergleichstests wählte die US Air Force die YF-22 aus, ihre Produktentwicklung begann 1991. Ein Vorserien-Flugzeug machte 1997 seinen Erstflug, 2001 wurden einige F-22A produziert. Nach Auswertung der Einsatzerprobungen gab die US Air Force im Jahr 2005 grünes Licht für die Serienproduktion. Der neue Jäger mit der vorübergehenden Bezeichnung F/A-22 hieß ab Ende 2005 F-22A Raptor.

Die Stealth-Fähigkeiten der Raptor sind eine Grundvoraussetzung für ihren Einsatz im Luftkampf. Unsichtbar für gegnerische Sensoren, soll sie eine oder mehrere AIM-120 Advanced Medium-Range Air-to-Air Missiles (AMRAAM) auf ein Ziel abfeuern können, das ihr AESA-Radar (Active Electronic Scanning Array) AN/APG-77 bereits in großer Entfernung aufgefasst hat – der sogenannte First-Look-First-Shot-Vorteil.

Neben dem Radar hat der Raptor-Pilot Zugriff auf das passive Empfängersystem AN/ALR-94. Es dient der unbemerkten Verfolgung eines aktiv strahlenden Ziels, dessen Informationen er auch von anderen externen Quellen über Datalink erhält. Mehrere Raptors können mit Inflight-Datalink einen Gegner verfolgen und seine Zieldaten an den nächstgelegenen Jet weiterleiten. Dieser kann das Ziel angreifen, ohne sein eigenes Radar einzuschalten.

Die guten Tarneigenschaften der F-22A sind das Resultat eines kantigen Rumpfes mit sauberen Oberflächen. Gezackte Kanten an Verkleidungen verhindern die Reflektion gegnerischer Radarstrahlung.

Die Raptor kann nicht nur getarnt weit entfernte Ziele angreifen, sie eignet sich auch für Luftkämpfe auf kurze Distanz. Möglich wird dies durch eine Kombination aus

F-22A

Die F-22A der 525th Fighter Squadron Bulldogs sichern den strategisch wichtigen Luftraum über Alaska. Diese Einheit hat die Einsatzrolle Top Cover for America und wurde 2007 auf der Joint Base Elmendorf-Richardson/Alaska reaktiviert.

F-22A

Die 422nd Test and Evaluation Squadron Green Bats, eine Einheit der 53rd Test and Evaluation Group, ist auf der Nellis Air Force Base in Nevada stationiert. Sie erprobt alle Jäger und deren Bewaffnung, bevor sie in die Einsatzverbände gelangen.

F-22A

Diese F-22A fliegt bei der 149th Fighter Squadron der 192nd Wing, einer in Langley-Eustis (Virginia) stationierten Einheit der Virginia Air National Guard. Obwohl es zur Guard gehört, untersteht das Geschwader operativ dem Air Combat Command und arbeitet eng mit der aktiven 1st Fighter Wing in Langley zusammen.

Triplex-Fly-by-Wire, zweidimensionalen Schubvektordüsen an den beiden Pratt-&-Whitney-F119-Turbofan-Triebwerken und negativer statischer Stabilität. Unter dem kugelförmigen Kabinendach mit bester Rundumsicht steuert der Pilot das Flugzeug mit einem Sidestick und Schubhebeln. Das Cockpit bietet vier farbige Multifunktionsdisplays und ein Weitwinkel-Head-up-Display.

Neben der primären Luft-Luft-Rolle ist die F-22A mit GBU-32 Joint Direct Attack Munition (JDAM) und Small Diameter Bombs (SDB) immer häufiger für Luft-Boden-Missionen im Einsatz. Es war auch die Präzisionsangriffsrolle, in der das Flugzeug 2014 gegen syrische ISIS-Ziele in den ersten Kampfeinsatz ging.

Für ihre Luft-Luft-Rolle trägt die F-22A bis zu sechs AMRAAMs und zwei Kurzstrecken-AIM-9-Sidewinder in drei internen Waffenbuchten. Vier zusätzliche Außenträger dienen als Option für weitere Munition, normalerweise aber für Zusatztanks auf Langstreckeneinsätzen.

F-22A

Abmessungen	Länge 18,92 m Spannweite 13,56 m Höhe 5,08 m
Startgewicht max.	37.875 kg
Antrieb	2 x 155,69 kN (35.000 lb) Pratt-&-Whitney-F119-PW-100-Turbofan mit Nachbrenner
Höchstgeschwindigkeit	2.414 km/h
Aktionsradius	1.480 km
Dienstgipfelhöhe	19.800 m (65.000 ft)
Besatzung	1 Pilot
Bewaffnung	eine sechsläufige 20-mm-M61A2-Vulcan-Gatling-Kanone und bis zu acht Luft-Luft-Raketen in drei internen Buchten oder präzisionsgelenkte Luft-Boden-Munition

Datalink

Ein Raptor-Pilot kann Informationen anderer F-22A empfangen und ein Ziel ohne Einsatz des eigenen Radars angreifen. Datalink ermöglicht der Raptor, ein Ziel außerhalb der eigenen Raketenreichweite zu verfolgen und seine Daten verdeckt an eine dichter am Gegner fliegende F-22A zu übertragen. Diese führt dann den lautlosen Angriff durch.

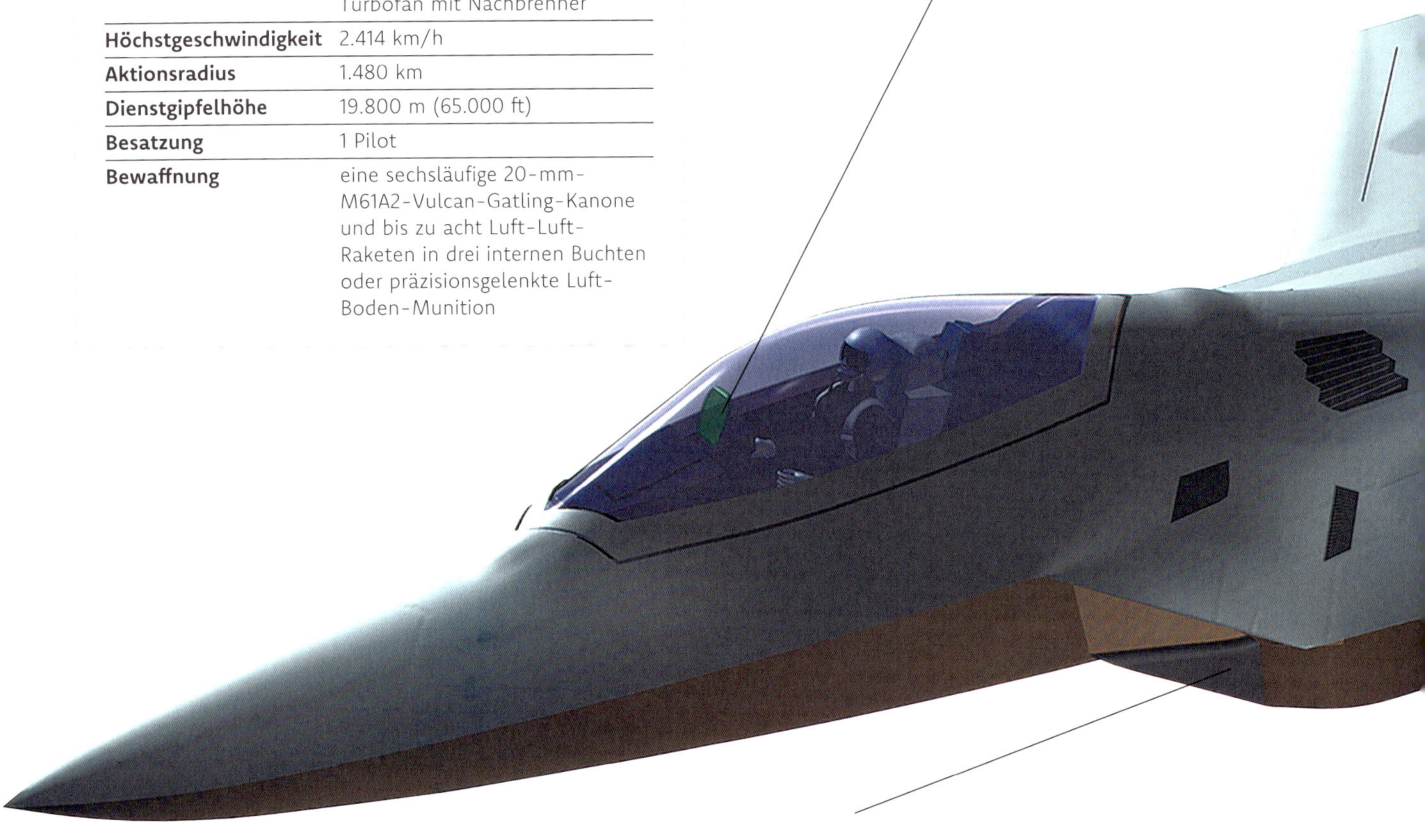

Interne Raketenbeladung

Die wichtigsten Luft-Luft-Waffen sind AIM-9M-Sidewinder und AIM-120C-AMRAAM. Die Waffenbucht mit den Raketen öffnet sich erst in allerletzter Sekunde vor dem Abschuss, wenn sich die Raptor enttarnt.

2009 entschied das Pentagon, die Produktion der Raptor bereits nach acht Vorserien- und 187 Serienjets einzustellen, obwohl die US Air Force einen Bedarf von 381 F-22A sah und weitere Flugzeuge forderte. Die frei gewordenen Mittel gingen in die Entwicklung des F-35 Joint Strike Fighters. Er erreicht trotz einiger technischer Gemeinsamkeiten nicht die Höchstleistungen der F-22A als Luftüberlegenheitsjäger. Die letzte Raptor wurde im Dezember 2011 von Lockheed Martin in Marietta (Georgia) ausgeliefert.

Derzeit ist die Raptor noch Platzhirsch unter den Jagdflugzeugen der US Air Force, doch ihr Ersatz ist im Rahmen des vielfältigen Next Generation Air Dominance (NGAD)-Programms schon beschlossene Sache. Als Resultat werden wohl bemannte und unbemannte Waffensysteme mit Fähigkeiten entstehen, die sogar die der F-22A in den Schatten stellen.

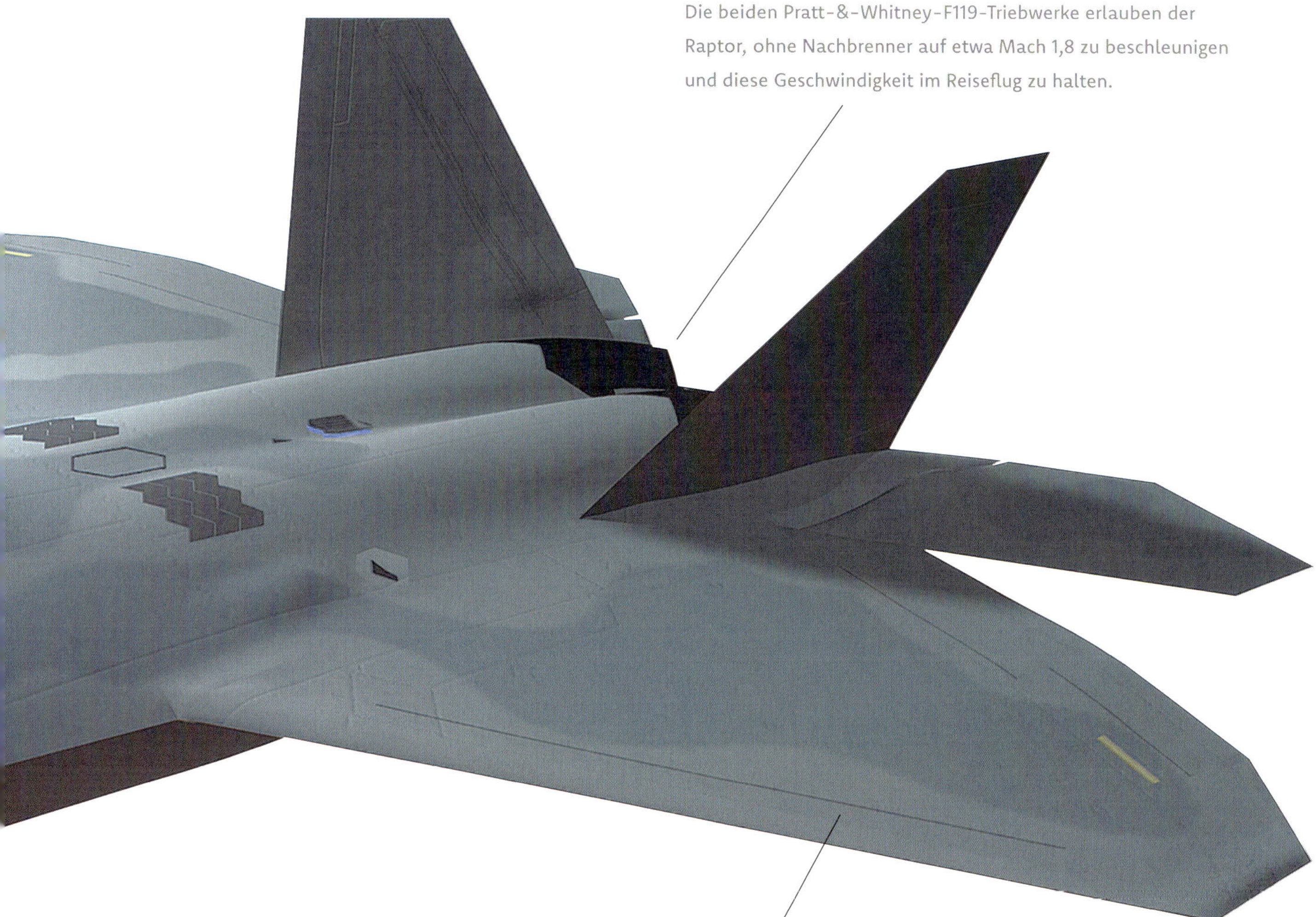

Lockheed Martin F-35 Lightning II

Der F-35 Joint Strike Fighter sollte Spitzenleistungen zu einem relativ niedrigen Preis bieten, entwickelte sich aber zum teuersten Einzelprogramm in der Geschichte des US-Verteidigungsministeriums.

Das neue Flugzeug sollte AV-8B, F-16 und F/A-18 des US-Militärs und verschiedener Exportkunden ersetzen. Die F-35 besitzt zweifellos die Fähigkeiten der 5. Generation, doch die stetig steigenden Programmkosten könnten zu Auftragskürzungen der US-Streitkräfte und anderer Nutzer führen. Die Entwicklung der F-35 basiert auf den Projekten Joint Advanced Strike Technology (JAST) und Common Affordable Lightweight Fighter (CALF). Sie wurden Mitte der 1990er-Jahre zum Joint Strike Fighter (JSF)-Programm zusammengefasst.

Mehrere Hersteller reichten Entwürfe ein. Lockheed Martin und Boeing erhielten Aufträge für ihre Vorführflugzeuge X-32 und X-35 in je zwei Versionen: eine mit konventionellen Start- und Landeeigenschaften (CTOL), eine weitere (wesentlich anspruchsvollere) für Kurzstart und vertikale Landung (STOVL).

2001 bestätigte das Pentagon die Lockheed Martin X-35 als Siegerin des JSF-Fly-off-Wettbewerbs und erteilte dem Unternehmen einen 18-Milliarden-Dollar-Auftrag für die System Demonstration and Development (SDD)-Phase. Nachdem sich die ersten Demonstrationsflugzeuge als CTOL- und STOVL-fähig erwiesen, kam in der SDD-Phase als dritte Variante ein Trägerflugzeug für die US Navy heraus. Im SDD-Programm wurden insgesamt zwölf Flugzeuge getestet, darunter vier CTOL F-35A, fünf STOVL F-35B, drei CV F-35C und sechs Flugzeugzellen für Bodentests.

Das erste SDD-Flugzeug, eine F-35A, kam im Mai 2005 in die Endmontage. Ein Jahr später erhielt der JSF den Namen Lightning II. Die erste F-35A absolvierte am 15. Dezember 2006 ihren Jungfernflug.

Alle drei JSF-Varianten bieten gute Stealth-Eigenschaften, die das Jagdflugzeug vor Entdeckung schützen und Einsätze in stark umkämpftem Luftraum ermöglichen sollen. Die Lightning II verbirgt ihre Waffen aus diesem Grund überwiegend im Rumpf. Wenn die Lage es zulässt, können weitere Waffenträger außen angebracht werden.

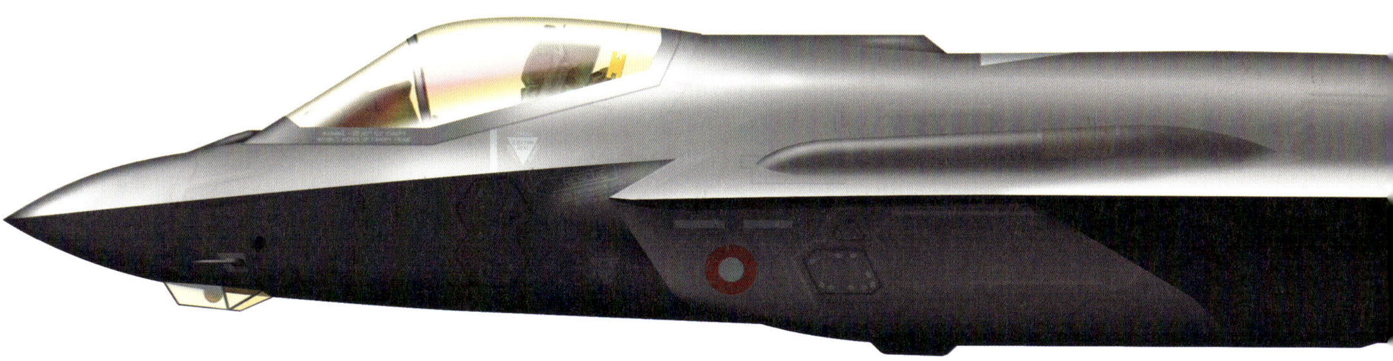

F-35A Lightning II

Ein Kerngrundsatz des F-35-Joint-Strike-Fighter-Programms ist das Ziel, möglichst viele ältere Jagdflugzeuge (vor allem F-16) bei einer wachsenden Zahl von Exportkunden durch JSF zu ersetzen und durch Vereinheitlichung der Flotten (Commonality) Kosten zu senken. Zu diesen Kunden gehört auch Dänemark, dessen erste F-35A hier abgebildet ist.

Waffentechniker der Marine Fighter Attack Squadron 121 (VMFA-121) auf der Marine Corps Air Station Yuma (Arizona) beladen 2016 eine F-35B Lightning II erstmals mit scharfer Munition.

F-35A

Abmessungen	Länge 15,70 m Spannweite 11,00 m Höhe 4,40 m
Startgewicht max.	31.751 kg
Antrieb	1 x 191,27 kN (43.000 lb) Pratt-&-Whitney-F135-PW-100-Turbofan mit Nachbrenner
Höchstgeschwindigkeit	1.976 km/h
Aktionsradius	1.080 km
Dienstgipfelhöhe	15.240 m (50.000 ft)
Besatzung	1 Pilot
Bewaffnung	eine vierläufige 25-mm-GAU-22/A-Gatling-Kanone und eine Gesamt-Waffenbeladung von ca. 8.000 kg an vier internen und sechs Unterflügelstationen

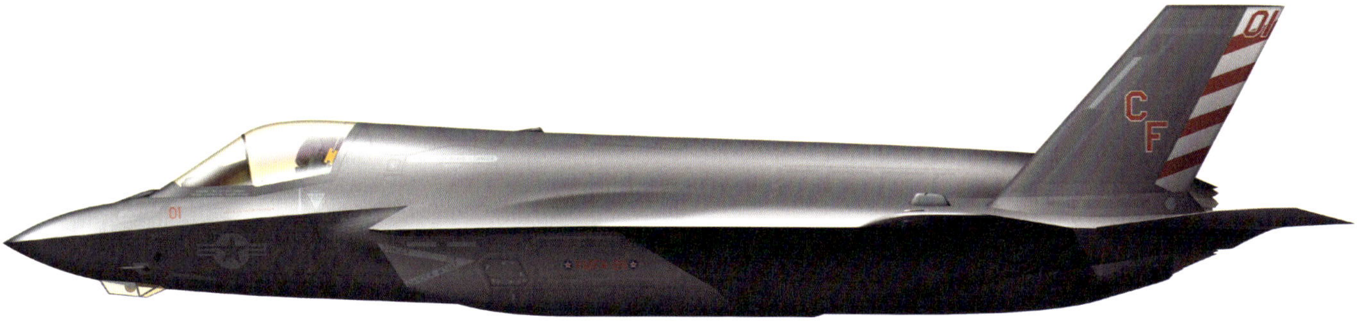

F-35B Lightning II

Die Marine Fighter Attack Squadron 211 (VMFA-211) Wake Island Avengers ist eine von zwei F-35B-Einsatzstaffeln der Marine Aircraft Group 13, einer Einheit der 3rd Marine Aircraft Wing. Sie erhielt im Mai 2016 ihre erste Lightning II und flog im September 2018 über Afghanistan als erste Einheit der USA JSF-Kampfeinsätze.

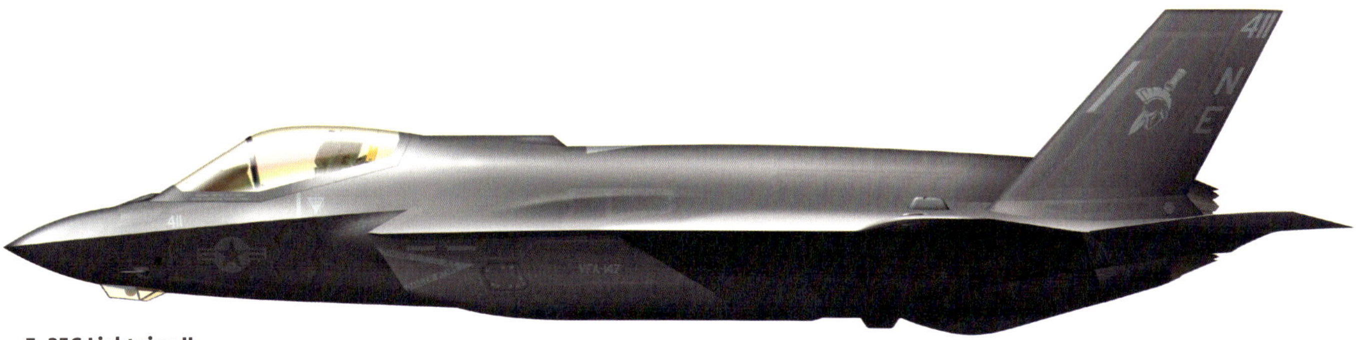

F-35C Lightning II

Die Argonauts der Strike Fighter Squadron 147 (VFA-147) führten die F-35C-Trägervariante bei der US Navy ein. 2021 stachen sie auf der USS Carl Vinson, einem Träger der Carrier Air Wing Two (CVW-2), als erste Lightning-II-Einheit der US-Marine in See.

F-35B

Abmessungen	Länge 15,60 m Spannweite 10,70 m Höhe 4,36 m
Startgewicht max.	27.216 kg
Antrieb	1 x 191,27 kN (43.000 lb) Pratt-&-Whitney-F135-PW-600-Turbofan mit Nachbrenner
Höchstgeschwindigkeit	1.976 km/h
Aktionsradius	833 km
Dienstgipfelhöhe	15.240 m (50.000 ft)
Besatzung	1 Pilot
Bewaffnung	eine vierläufige 25-mm-GAU-22/A-Gatling-Kanone, zwei Luft-Luft-Raketen und zwei Bomben an vier internen Stationen mit insgesamt 6.800 kg Gewicht

Ein Hauptmerkmal des F-35-Einsatzkonzepts ist der hochentwickelte Sensorverbund, der Daten aus verschiedenen Quellen in ein Gesamtbild zusammenfasst, kombiniert mit umfassenden Möglichkeiten elektronischer Kriegsführung. Unter Verzicht auf Außenbehälter können gegnerische Streitkräfte lokalisiert, verfolgt und Radargeräte gestört werden. Zu den Hauptsensoren gehören ein AN/APG-81 Active Electronic Scanning Array (AESA)-Radar und das Electro-Optical Targeting System (EOTS), letzteres mit Infrarotsuche und Zielverfolgung (FLIR Forward Looking Infrared und IRST Infrared Search and Track). Der Pilot trägt als Standardausrüstung ein am Helm montiertes Display (HMD). Es ersetzt das übliche Head-up-Display (HUD) und zeigt wichtige Daten und FLIR-Bilder in Echtzeit-Position. Das HMD ist durch die 360°-Anordnung von Sensoren des Electro-Optical Distributed Aperture Systems (EODAS) rundum nachtsichtfähig und lässt den Piloten durch Flügel oder Cockpitboden hindurchblicken und mit den Augen der Kameras sehen.

Das Cockpit der F-35 hat ein großes Touchscreen-Display für Navigationsdaten, Bedrohungswarnungen, Zieldatenzuweisung und vieles mehr. Die F-35 sammelt derart viele Daten, dass Einsatzkommandeure es immer häufiger als Informations- und Kommunikationsknotenpunkt verwenden. Sein umfassendes Lagebild kann mit anderen Boden-, See- und Luftstreitkräften geteilt werden.

Die F-35 wird von einem Pratt-&-Whitney-F135-Turbofan angetrieben, dem stärksten Kampfflugzeugtriebwerk der Welt. Die STOVL-Version F-35B hat zusätzlich einen Rolls-Royce-LiftFan in der Rumpfmitte. Im Januar 2010 setzte eine F-35B DD erstmals ihr STOVL-Antriebssystem ein und demonstrierte Kurzstarts, Schwebeflüge und vertikale Landungen mit der schwenkbaren Schubdüse. Ausgleichsdüsen für die Rollsteuerung in den Tragflächen sorgen für Stabilität um die Querachse. Die zusätzliche Masse des F-35B-Lift-Fans reduziert die interne Waffenlast auf zwei 454 Kilogramm (1.000 Pfund)-Träger und zwei AIM-120 Advanced Medium-Range Air-to-Air-Missiles (AMRAAMs). Die Versionen F-35A und C können zweimal 907 Kilogramm (2.000 Pfund) und zwei AMRAAMs intern mitführen.

Die US Air Force erhielt den JSF als erste Teilstreitkraft. Sie übernahm im Juli 2011 eine erste F-35A zum Training der Piloten und Techniker. Das US Marine Corps bekam im selben Monat seine erste F-35B. Ende November 2012 nahm die erste JSF-Einsatzbasis auf der Marine Corps Air Station Yuma (Arizona) ihren Dienst auf. Als letzte übernahm die US Navy die Lightning II. Sie stellte im Juni 2013 die erste F-35C auf der Eglin Air Force Base (Florida) zum Piloten- und Technikertraining in Dienst.

Das Marine Corps meldete im Juli 2015 als erste Teilstreitkraft die Initial Operational Capability (IOC) und damit den JSF als kampfeinsatzfähig. Die US Air Force folgte im August 2016, die Navy im Jahre 2019. Im selben Jahr erhielt die US Air National Guard ihre ersten JSF. US Air Force und Marine Corps, Israel und das Vereinigte Königreich haben mittlerweile Kampfeinsätze mit Lightning II durchgeführt.

Die US Air Force plante anfangs die Beschaffung von 1.763 F-35A, US Navy und das Marine Corps zusammen 680 Flugzeuge. Diese Zahlen werden vermutlich reduziert werden. Die Streitkräfte überprüfen gegenwärtig Betriebskosten und Aufwand der Aktualisierung auf die neuesten Softwarestandards, die für die Erfüllung der angekündigten Fähigkeiten erforderlich sind. Andererseits gingen für die F-35 sehr bald Exportaufträge ein, angeführt von den sieben internationalen Programmpartnern Vereinigtes Königreich, Italien, Niederlande, Australien, Norwegen, Dänemark und Kanada. Darüber hinaus bereiten seit 2021 mit Israel, Japan, Südkorea, Polen, Belgien und Singapur sechs weitere Nationen die Beschaffung der F-35 vor. Nach der Schweiz hat in jüngerer Vergangenheit auch die Bundesrepublik Deutschland die F-35 als künftiges Kampfflugzeug ausgewählt.

Eine USAF F-35 Lightning II über dem Gebiet des US Central Command. Der wendige, vielseitige und leistungsstarke Mehrzweckjäger bietet Tarnkappenfähigkeit, den Sensorverbund mit anderen Einheiten und eine unerreichte Situations- und Lagebilddarstellung.

Suchoi Su-57

Das jüngste Luftüberlegenheitsflugzeug in russischen Diensten, die Su-57, stammt noch aus der Mitte der 1980er-Jahre. Damals begannen die Entwicklungsarbeiten für mögliche MiG-29- und Su-27-Nachfolger.

Nach Aufgabe der Projekte Mikojan MFI und Suchoi Su-47 erging im April 2001 eine Ausschreibung für den Perspektivischen Flugkomplex der Frontfliegerkräfte (russische Abkürzung: PAK FA). Als Sieger wurde 2002 die Suchoi T-50 ausgewählt. Das Unternehmen erhielt einen Entwicklungsauftrag zum Bau von Prototypen.

Das T-50-Design ist für Überschallmanöver optimiert, bietet Tarnkappeneigenschaften (wenn auch kein echtes Rundum-Stealth) und Supercruise, den Überschallflug ohne Nachbrenner. Das Flugzeug wird von zwei AL-41F1-Turbofans angetrieben, einer stark fortentwickelten Version des AL-31F der Su-27- und Su-30-Jagdflugzeugreihen. Der Pilot verfügt über ein Feuerleitsystem mit fünf integrierten Active-Phased-Array-Radars und elektrooptischen Sensoren. Das Radarsystem bietet Freund-Feind-Identifikation (IFF) und elektronische Gegenmaßnahmen (ECM). Zu den umfassenden Selbstschutz-Funktionen der elektronischen Kriegsführung gehören Warnsensoren für anfliegende Raketen und, erstmals in einem Kampfflugzeug, die zielgerichtete Infrarot-Abwehr.

Die Waffen befinden sich in zwei großen Tandembuchten im unteren Rumpf und zwei kleinen, internen Zusatzbuchten an den Unterflügelverkleidungen. Weitere Unterflügelstationen stehen zur Verfügung, sobald die Tarnkappeneigenschaften nicht weiter benötigt werden. Für die Luft-Luft-Rolle wurden neue Raketen entwickelt, darunter die infrarotgesteuerte R-74M2 für kurze Distanzen und die aktive, radargesteuerte R-77M für Beyond Visual Range (BVR)-Einsätze jenseits der optischen Sichtweite. Die sehr weitreichende R-37M (AA-13 Axehead) ist ebenfalls einzurüsten. Die Waffenbeladung wird von einer eingebauten 30-mm-Kanone komplettiert.

Der erste Prototyp, T-50-1, hob am 29. Januar 2010 vom Werksflugplatz Komsomolsk am Amur im fernen Osten Russlands ab. Bis 2013 waren fünf Prototypen fertig, aber die Flugzeugzelle zeigte Probleme und musste strukturell verstärkt werden. 2016 ging der erste von fünf überarbeiteten Prototypen in die Erprobung. 2017 erhielt das Flugzeug die offizielle Bezeichnung Su-57 und zeitgleich den westlichen Codenamen Felon.

Auch Indien war zeitweise am Su-57-Programm beteiligt. Geplant war der Bau einer eigenen Version, vermutlich auch als Zweisitzer. Indiens Rückzug aus dem Projekt hatte einen Dominoeffekt für Russland. 2015 entschied Moskau, neben den billigeren Su-30SM- und Su-35-Jägern einige Su-57 zu beschaffen.

Die erste Vorserien-Su-57 wurde im Dezember 2019 fertig, stürzte aber noch im selben Monat auf dem Überführungs-

T-50-9

Dies ist der neunte (und achte flugfähige) Su-57-Prototyp der Felon, auch bekannt als T-50-9. Er machte am 24. April 2017 seinen Erstflug und trägt ein verpixeltes Tarnmuster. Verschiedene Su-57-Farbgebungen sind in Gebrauch.

Su-57
Dieses Flugzeug mit der Seriennummer 01 ist in Wahrheit das zweite. Es bekam seine neue Bezeichnung nach dem Absturz des ersten Exemplars auf dem Auslieferungsflug im Dezember 2019. Die Su-57 gehört zum 929. Tschkalow-Flugerprobungszentrum und trägt dessen Abzeichen hinter dem Cockpit.

flug ab. So ging im Dezember 2020 das zweite Vorserienflugzeug als erste Su-57 an die russischen Luft- und Weltraumkräfte, der erste Nutzer ist das 23. Jagdfliegerregiment in Dzyomgi. Bereits vor Auslieferung der ersten Serienflugzeuge wurden im Februar 2018 zwei Su-57 zu einer zweitägigen Einsatzerprobung nach Syrien verlegt.

Bis Anfang 2021 lagen 76 russische Bestellungen für Su-57-Jäger vor. Die Su-57E wurde bisher erfolglos für den Export angeboten. Sollte Russland weitere Jäger ordern, wird seine Luftwaffe wahrscheinlich die aktualisierte Su-57M erhalten. Die wichtigste Verbesserung dürfte das ganz neue, schubstärkere Triebwerk Izdeliye 30 darstellen, das im Dezember 2017 erstmals Flugtests unterzogen wurde.

SU-57

Abmessungen	Länge 20,10 m Spannweite 14,10 m Höhe 4,60 m
Startgewicht max.	35.480 kg
Antrieb	2 x 147,24 kN (33.100 lb) NPO-Saturn-117/AL-41F1-Turbofan mit Nachbrenner
Höchstgeschwindigkeit	2.130 km/h
Aktionsradius	1.200 km
Dienstgipfelhöhe	20.000 m (65.617 ft)
Besatzung	1 Pilot
Bewaffnung	eine GSh-301-30-mm-Bordkanone, zudem in zwei Tandem-Waffenbuchten im unteren Rumpf bis zu vier R-77M-Luft-Luft-Raketen, Kh-58UShK- oder Kh-36-Anti-Radar-Raketen, alternativ Kh-38M- oder KAB-250-Präzisionslenkwaffen, zwei R-74M2-Luft-Luft-Raketen in Unterflügelbehältern, optional zusätzliche Waffen an vier Unterflügelstationen

Chengdu J-20

Die Chengdu J-20 ist das derzeit modernste Kampfflugzeug der Luftstreitkräfte der Volksrepublik China (PLAAF). Es tauchte zur Überraschung der meisten Beobachter erstmals Ende 2010 auf.

Die Chengdu J-20 absolvierte ihren Jungfernflug im Januar 2011 und wurde Ende 2016 als weltweit dritter einsatzfähiger Tarnkappenjäger nach der F-22 und der F-35 in Dienst gestellt. In China ist das Flugzeug als „Mächtiger Drache" bekannt.

Die Arbeiten an diesem hochmodernen Kampfflugzeug begannen vermutlich Mitte der 1990er-Jahre in China. Die Hersteller Chengdu und Shenyang stellten ihre Entwürfe vor. Chengdu erhielt den Zuschlag, wohl weil sein Flugzeug radikaler gestaltet war. Die heutige J-20 ist ein Delta-Nurflügler mit Canards, doppeltem Seitenleitwerk und speziellen, rautenförmigen Triebwerk-Überschalllufteinlässen (Diverterless Supersonic Inlets, DSI) zur Dosierung des Luftstroms.

Das erste Triebwerk war ein russisches AL-31FN, ähnlich dem in der Chengdu J-10B/C. Es wurde etwa Mitte 2019 durch zwei chinesische WS-10C-Turbofans ersetzt. Ihre charakteristisch gezackten Schubdüsen dienen zur Reduzierung des Radarquerschnitts im hinteren Bereich des Flugzeugs. Langfristig ist der Einbau des noch leistungsstärkeren WS-15-Triebwerks geplant.

Die J-20 hat Unterflügelstationen, die Hauptmunition befindet sich aber zur Wahrung der Stealth-Fähigkeiten im Rumpf. Eine große, zentrale Waffenbucht kann mindestens vier Mittel-/Langstrecken-Luft-Luft-Raketen tragen, zwei kleinere, seitliche Buchten hinter den Lufteinlässen je eine PL-10-Kurzstreckenrakete. Als Besonderheit sitzt diese Waffe auf einfahrbaren, seitlichen Startschienen. Das erlaubt, die Waffenschächte auch bei voll ausgefahrener Rakete geschlossen zu lassen. Die J-20 hat keine Bordkanone, aber sehr wahrscheinlich genügend Platz für deren Einbau.

Über die Einsatzavionik der J-20 ist wenig bekannt. Fest steht, dass sie ein Active Phased Array Radar (ASEA) vom Typ 1475, einen Infrarot-Such- und Verfolgungssensor sowie ein elektrooptisches Zielsystem ähnlich dem der F-35 besitzt. Das moderne Glascockpit hat große Farbdisplays, der Pilot steuert den Jet über Sidestick und Schubhebel.

Weitere Prototypen bekamen ab Ende 2013 Detailänderungen. Im Dezember 2016 gingen J-20As der Erstproduktion zur Erprobung und Bewertung an die 176. Brigade der Luftstreitkräfte in Dingxin. Der erste J-20A-Einheitsverband der PLAAF ist die 9. Brigade in Wuhu im Militärbezirk Ost.

Einige Fachleute vermuteten, die neue J-20 werde in der Angriffsrolle eingesetzt, möglicherweise auch zur Schiffsbekämpfung. Für solche Einsätze gibt es bislang aber keine Hinweise. Die aktuelle J-20A fliegt bei der PLAAF in der Luftverteidigungsrolle, vor allem auf langen Einsätzen mit Luftbetankung.

Als Langstrecken-Luftüberlegenheitsflugzeug mit BVR-Raketen und möglicherweise auch speziellen AWACS-Killer-Raketen stellt die J-20 eine klare Herausforderung für die Anrainerstaaten und US-Streitkräfte im Indo-Pazifik dar. Westliche Quellen rechnen mit einer Reichweite von 1.200 nautischen Meilen, die Chinas Präsenz in großer Distanz vom eigenen Staatsgebiet demonstriert.

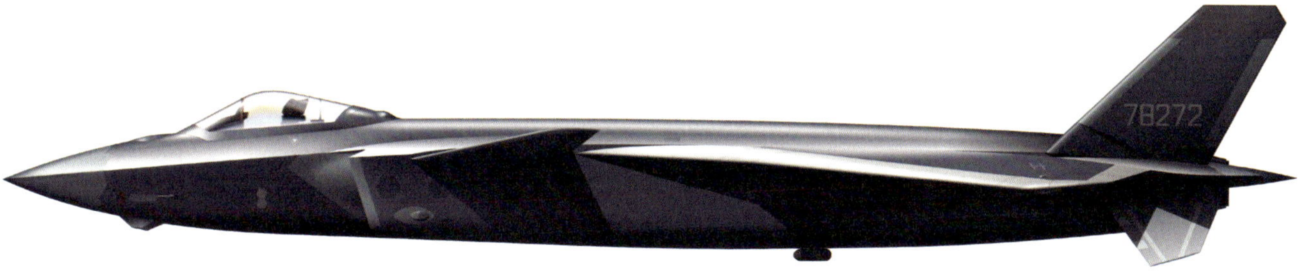

J-20A

Die J-20A mit der Seriennummer 78272 gehört zur 176. Luftbrigade in Dingxin. Diese untersteht administrativ der Erprobungs- und Trainingsbasis.

Eine Chengdu J-20 macht im Jahr 2016 einen Vorbeiflug zur Eröffnung der Airshow China in Zhuhai.

J-20A

Diese J-20A dient bei der 172. Luftbrigade der Volksbefreiungsarmee, einem Teil der Erprobungs- und Trainingsbasis in Cangzhou. Das Flugzeug ist bei zwei derartigen Einheiten im Einsatz.

J-20

Abmessungen	Länge 20,40 m Spannweite 13,50 m Höhe 4,45 m
Startgewicht max.	36.288 kg
Antrieb	2 x 160 kN (35.969 lb) Xian-WS-15-Turbofan mit Nachbrenner
Höchstgeschwindigkeit	2.126 km/h
Aktionsradius	2.200 km
Dienstgipfelhöhe	20.000 m (65.617 ft)
Besatzung	1 Pilot
Bewaffnung	üblicherweise bis zu vier PL-15-Luft-Luft-Raketen in einer großen Waffenbucht im unteren Rumpf, zwei PL-10-Luft-Luft-Raketen in seitlichen Waffenbuchten hinter den Triebwerkseinlässen, weitere optionale Waffenbeladung an vier Unterflügelstationen

BOMBER

Bomber zählten viele Jahre lang zur Auslese der Militärflugzeuge und dienten nur bei einer Handvoll der leistungsfähigsten Luftstreitkräfte mit echten strategischen Ambitionen. Heute fliegen nur noch China, Russland und die Vereinigten Staaten echte Bomber. In den Vereinigten Staaten bilden die B-52H Stratofortress, B-2 Spirit und B-1B Lancer eine Bomber-Triade innerhalb des Air Force Global Strike Command, aber nur die ersten beiden haben noch eine Nuklearrolle. Russland hat seinen gesamten Bomberbestand ins Kommando der Luft- und Weltraumkräfte verlagert, nachdem es diese Flugzeuge zuvor auch in der Marinefliegerei einsetzte. China setzt seine Xi'an H-6 hauptsächlich als Raketenträger ein.

DIESES KAPITEL BEHANDELT FOLGENDE FLUGZEUGE:

- Rockwell B-1B Lancer
- Northrop Grumman B-2 Spirit
- Boeing B-52H Stratofortress
- Tupolew Tu-22M
- Tupolew Tu-95MS
- Tupolew Tu-160
- Xi'an H-6

Diese Tupolew Tu-160 der russischen Streitkräfte mit dem Kennzeichen RF-94109 steht während der MAKS-2015-Flugschau am Schukowski-Flughafen in Moskau.

Rockwell B-1B Lancer

Auch wenn ihre Tage bei der US Air Force gezählt sind und sie mit Zulauf der B-21 Raider ausgemustert werden soll, bleibt die B1-B Bone ein geschätztes Waffensystem der US Air Force.

Die heutige Lancer ist eine Nachfahrin der B-1A aus den frühen 1970er-Jahren. Diese sollte die B-52 ersetzen und machte am 23. Dezember 1974 ihren Erstflug. Nach dem Bau von vier Prototypen des Mach 2,2 schnellen Schwenkflüglers mit großer Reichweite stellte man das Programm 1977 wieder ein. Im Jahr 1981 ordnete die Reagan-Administration jedoch einen Neustart des überarbeiteten Bomberprojekts B-1B an. Diesmal wurde das Flugzeug für Eindringmissionen aus dem Tiefflug (Low-Level-Penetration) optimiert. Der Radarquerschnitt wurde zur Überlebensfähigkeit erheblich verkleinert und die Avionik um ein modernes AN/APQ-164-Multimodus-Offensivradar ergänzt. Eine erste Serien-B-1B von insgesamt 100 Flugzeugen für die US Air Force flog im Oktober 1984. Im Juni 1985 wurde der erste Bomber auf der Dyess Air Force Base in Texas in Dienst gestellt.

Die B-1B ist ein Tiefdecker mit in den Rumpf übergehenden Schwenkflügeln. Vier Turbofans mit Nachbrenner in Pod-Paaranordnung sorgen unterhalb des festen Flügelmittelteils für den Antrieb. Die vierköpfige Besatzung besteht aus einem Piloten, einem Co-Piloten sowie je einem Besatzungsmitglied zur Bedienung der Offensiv- und Defensivsysteme. Zur Selbstschutzausrüstung gehören elektronische Störsender, Radarwarnempfänger, Düppel- und Flare-Werfer und ein Schleppköder. Diese Komponenten sind Bestandteile des elektronischen Gegenmaßnahmensystems ALQ-161, das feindliche Strahlung erkennt, identifiziert und automatisch bekämpft.

B-1B LANCER

Abmessungen	Länge 47,80 m Spannweite 41,67 m ausgeschwenkt 23,84 m eingeschwenkt Höhe 10,36 m
Startgewicht max.	216.500 kg
Antrieb	4 x 136,92 kN (30.780 lb) General-Electric-F101-GE-102-Turbofan mit Nachbrenner
Höchstgeschwindigkeit	1.450 km/h
Aktionsradius	5.543 km
Dienstgipfelhöhe	ca. 10.668 m (35.000 ft)
Besatzung	2 Piloten, 2 Waffensystemoffiziere für offensive und defensive Waffen
Bewaffnung	bis zu 56.250 kg Beladung, darunter konventionelle Mk82- und Mk84-Bomben, alle laser- und satellitengesteuerten Waffen sowie AGM-158-JASSM- und SRASM-Raketen

B-1B Lancer

Diese B-1B mit der Seriennummer 85-0075 und dem Namen Scorpion Pride gehört zur 419th Flight Test Squadron auf der Edwards Air Force Base in Kalifornien. Sie war an den ersten Außenträger-Versuchen mit der AGM-158-JASSM-Rakete beteiligt, die hier an einem Träger unter dem vorderen Rumpf zu sehen ist. Der Demonstrationsflug fand am 20. November 2020 über Edwards statt.

B-1B Lancer

Diese Lancer mit der Seriennummer 85-0073 zeigt einen Außenträger mit Sniper-Zielkapsel. Sie gehört zur 7th Operations Group auf der Dyess Air Force Base. Mit ihren voll nach vorn geschwenkten Flügeln bildet sie einen interessanten Kontrast zu dem in Edwards beheimateten Flugzeug auf dieser Seite, dessen Flächen für den Hochgeschwindigkeitsflug nach hinten geschwenkt sind.

Im ursprünglichen Auslieferungszustand war der Nuklearangriff die Hauptrolle der B-1B. Nach dem Ende des Kalten Krieges und der Neubewertung der B-1B-Einsätze zog die US Air Force das Flugzeug im Jahr 1994 von dieser Rolle ab, deaktivierte die Raketenträger und entfernte alle Nuklearwaffen-Schnittstellen.

In der neuen, konventionellen Rolle ging die B-1B erstmals während der Operation Desert Fox in den Einsatz und führte im Dezember 1998 eine Reihe von Luftangriffen auf den Irak durch. Im folgenden Jahr diente das Flugzeug während der Operation Allied Force, einer NATO-Aktion gegen Serbien. Die B-1B nahm seither regelmäßig an US-Militäraktionen in Afghanistan, Irak, Libyen und Syrien teil. Sie erhielt zur Steigerung ihrer Fähigkeiten schrittweise weitere konventionelle Waffenoptionen, zunächst im Rahmen des Conventional Mission Upgrade Program (CMUP). Avionik-Upgrades brachten dem Flugzeug inzwischen ein GPS-gestütztes Trägheitsnavigationssystem mit Synthetic Aperture Radar und das Fully Integrated Data Link (FIDL) mit Link-16-Fähigkeit. Es liefert mit dem AN/AAQ-33 Sniper Targeting Pod ein deutlich verbessertes Lagebild.

Zur konventionellen Bewaffnung der B-1B zählen jetzt bis zu 24 interne AGM-158 Joint Air-to-Surface Standoff Missiles (JASSM). Die Stealth-Waffe ermöglicht Präzisionsangriffe auf große Entfernungen. Der Anbau weiterer zwölf extern angebrachter Raketen ist geplant. Die beeindruckende Nutzlast der Lancer ermöglicht auch die Umrüstung auf exotische Waffen wie die AGM-158C Long Range Anti-Ship Missile (LRASM) gegen Seeziele und möglicherweise sogar künftige Hyperschallraketen.

Trotz ihres enormen Nutzens hat die US-Luftwaffe bereits mit der Außerdienststellung der B-1B begonnen. Geplant war, 17 Flugzeuge vor Ende des Geschäftsjahres 2021 abzuziehen und 43 B-1B (sowie zwei Erprobungsträger) im Einsatz zu belassen. Mitte der 2020er-Jahre sollen die B-1B mit Zulauf der B-21 ausgesondert werden.

Northrop Grumman B-2 Spirit

Der spätere B-2-Stealth-Bomber entstand im Rahmen des streng geheimen, 1979 von Präsident Jimmy Carter genehmigten Advanced-Technology-Bomber-Programms. Im Jahr 1981 bekam der Entwurf von Northrop und Boeing den Zuschlag vor den Plänen der Hersteller Lockheed und Rockwell.

1988 tauchte die B-2 aus dem Nichts auf und absolvierte am 17. Juli 1989 ihren Erstflug. Nach ersten Planungen von 132 Flugzeugen für die US Air Force schrumpfte diese Zahl mit dem Abflauen der sowjetischen Bedrohung auf nur 21 Stück. Jedes dieser Flugzeuge dürfte mindestens 1,2 Milliarden US-Dollar gekostet haben.

Die US Air Force beschreibt die geringe Wahrnehmbarkeit oder Tarnkappenfähigkeit der B-2 als das Ergebnis einer Kombination reduzierter infraroter, akustischer, elektromagnetischer, visueller und Radarsignaturen. Diese erschweren es auch ausgeklügelten Verteidigungssystemen, die B-2 zu entdecken, zu verfolgen und anzugreifen. Viele Einzelheiten des Tarnkappen-Prozesses sind geheim, fest steht aber, dass die Verbundwerkstoffe, Spezialbeschichtungen und das Nurflügler-Konzept der B-2 gemeinsam zur Stealth-Fähigkeit beitragen.

Im Dezember 1993 wurde die erste B-2A auf der Whiteman Air Force Base in Missouri ausgeliefert. Hier sind heute alle US-Tarnkappenbomber stationiert. Die US Air Force meldete im Dezember 2003 die volle Einsatzfähigkeit der B-2 Bomberverbände. Die B-2 war ursprünglich dazu entworfen worden, Freifall-Atombomben tief in sowjetisches Territorium zu tragen. Nach dem Ende des Kalten Krieges wurde sie für ein breiteres Spektrum konventioneller Einsätze modifiziert.

Im ursprünglichen Block 10-Auslieferungszustand umfasste die Kampfmittelkapazität knapp 1.000 Kilogramm (ca. 2.200 Pfund) konventioneller Mk-84-Bomben oder ballistischer Atomwaffen. Block 20 war ein früher Versuch mit konventionellen Waffen. Dabei kam als Interimslösung die GBU-37 GPS-Aided Munition (GAM) zum Einsatz, bald abgelöst von Joint Direct Attack Munition (JDAM). Heute umfassen die Waffenoptionen des Block 30 bis zu 80 unabhängig gesteuerte 227 Kilogramm (500 Pfund) GBU-38 JDAMs, 16 Stück 907 Kilogramm (2.000 Pfund) Mk-84-Allzweckbomben, 16 AGM-154 Joint Standoff Weapons (JSOWs) oder 16 AGM-158

B-2 SPIRIT

Abmessungen	Länge 21,03 m Spannweite 52,40 m Höhe 5,18 m
Startgewicht max.	152.635 kg
Antrieb	4 x 84,6 kN (19.018 lb) General-Electric-F118-GE-100-Turbofans
Höchstgeschwindigkeit	1.010 km/h
Aktionsradius	11.670 km
Dienstgipfelhöhe	15.240 m (50.000 ft)
Besatzung	2 Piloten
Bewaffnung	bis zu 18.144 kg konventionelle oder nukleare Beladung einschließlich präzisionsgelenkter und ballistischer Bomben

B-2A Spirit

Diese Spirit mit der Seriennummer 82-1068 trägt den Namen Spirit of New York. Sie fliegt derzeit bei der 13th Bomb Squadron The Devil's Own Grim Reapers (Sensenmänner des Teufels), einer Einheit der 509th Bomb Wing auf der Whiteman Air Force Base (Missouri).

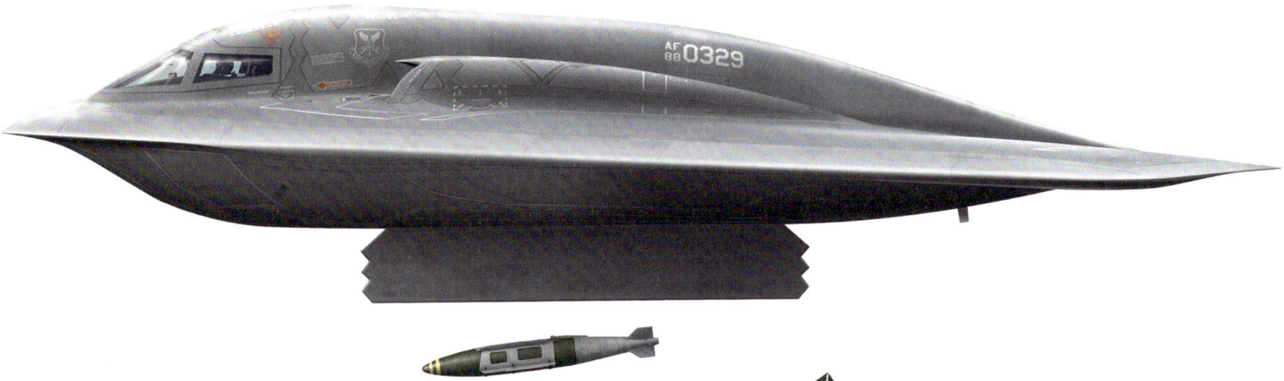

B-2A Spirit

Die B-2A Spirit Reepers of Missouri mit der Seriennummer 88-0329 ist jetzt auch bei der 13th Bomb Squadron der 509th Bomb Wing im Einsatz. Das Flugzeug löst gerade eine 2.000 Pfund (907 Kilogramm) schwere JBU-32-JDAM-Präzisionslenkwaffe aus, eines seiner wichtigsten konventionellen Kampfmittel.

Joint Air-to-Surface Standoff Missiles (JASSM). Eine besondere Waffe im Inventar des Stealth-Bombers ist der Massive Ordnance Penetrator (MOP) GBU-57A/B, ein 13.608 Kilogramm (30.000 Pfund) schweres, bunkerbrechendes Geschoss gegen gehärtete Ziele. Die B-2 Spirit erhielt seit ihrer Inbetriebnahme im Rahmen des Radar Modernization Program (RMP) zahlreiche weitere Upgrades zur Verbesserung der Kommunikation und des Radars.

Die B-2 ging 1999 während Operation Allied Force erstmals in den Kampfeinsatz und zerstörte schon in den ersten acht Wochen 33 Prozent aller serbischen Ziele. Während dieses Konflikts flog sie von ihrer Heimatbasis in Missouri sehr lange Nonstop-Einsätze. Das gleiche Einsatzprofil kam bei Operation Enduring Freedom in Afghanistan, Operation Iraqi Freedom (2003) und Operation Odyssey Dawn über Libyen (2011) zur Anwendung. Die Libyen-Mission war typisch für die Aufgaben, die die B-2 derzeit übernimmt. In der ersten Nacht wurden drei B-2-Bombern 48 Ziele hoher Priorität zugewiesen. Sie trafen davon 45 während der über 25 Stunden andauernden Einsätze und zerstörten gehärtete Flugzeugschutzbauten mit JDAM.

Trotz ihrer einzigartigen Fähigkeiten soll die B-2 durch ein anderes Stealth-Flugzeug ersetzt werden, nämlich die in der Entwicklung befindliche Northrop Grumman B-21 Raider. Dieses Modell ist ebenso geheimnisumwittert wie die B-2 während der Entwicklung und wird voraussichtlich eine ähnliche Grundauslegung bekommen. Die US Air Force dürfte mindestens 100 der neuen Flugzeuge beschaffen.

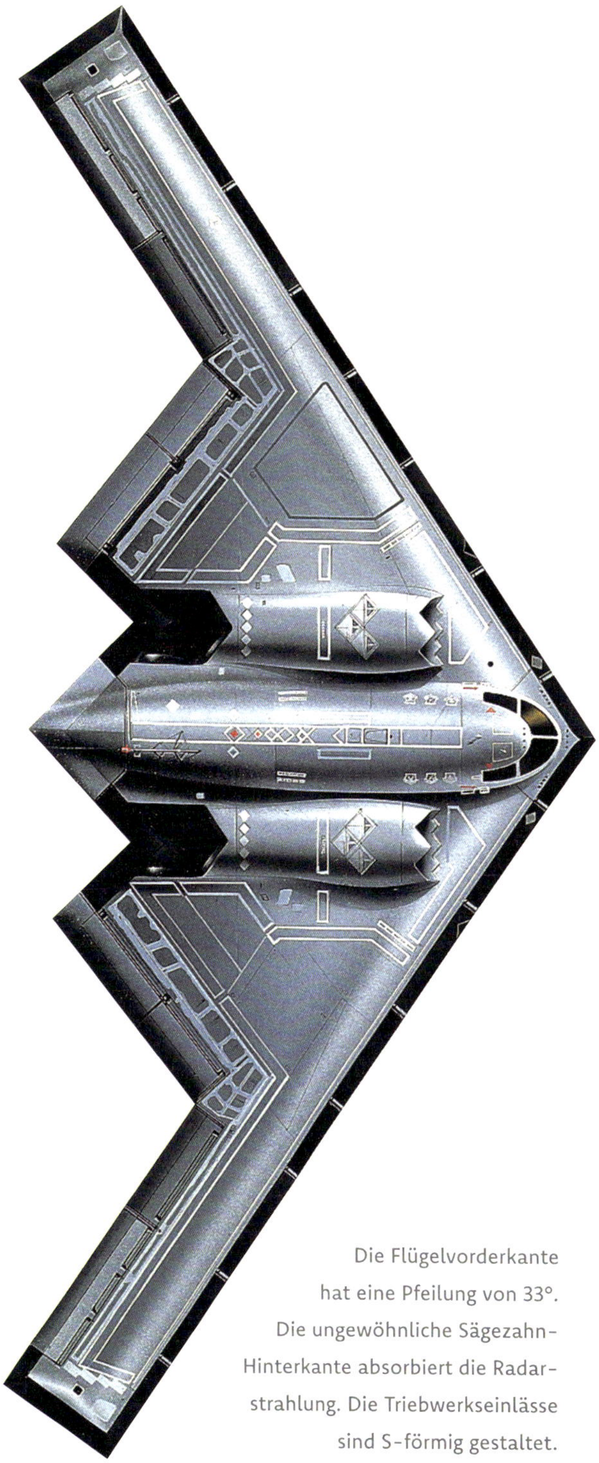

Die Flügelvorderkante hat eine Pfeilung von 33°. Die ungewöhnliche Sägezahn-Hinterkante absorbiert die Radarstrahlung. Die Triebwerkseinlässe sind S-förmig gestaltet.

Boeing B-52H Stratofortress

Die außergewöhnliche B-52 ist seit 1955 bei der US Air Force im Einsatz. Sie wird sehr wahrscheinlich die B-1 oder B-2 überleben, zwei Flugzeuge, die den alten Bomber zumindest teilweise ersetzen sollten.

Die heutige B-52H ist der modernste Spross der Stratofortress-Baureihe, auch wenn das jüngste Flugzeug schon im Oktober 1962 ausgeliefert wurde. Es ist daher nicht unwahrscheinlich, dass die B-52 fast ein Jahrhundert im Einsatz bleiben wird. Der Grund für diese Langlebigkeit ist ihre Anpassungsfähigkeit. Sie fliegt zwar mit Unterschallgeschwindigkeit, kann aber mit gleicher Effizienz strategische Angriffe, Luftnahunterstützung, Abriegelungen aus der Luft, offensive Einsätze gegen Luftkriegsmittel und Missionen gegen Seeziele durchführen. Die B-52 hat eine große und für globale Einsätze geradezu entscheidende Bedeutung. Sie kann auch loitern, also lange Zeit in weniger umkämpften Lufträumen auf Station bleiben, und dann, falls erforderlich, in beträchtlichen Mengen eine breite Palette von Kampfmitteln einsetzen.

Die B-52A machte am 15. April 1952 ihren Erstflug. Das damalige Strategic Air Command erhielt im Mai 1961 die ersten 102 des Einsatzmodells B-52H. Heute tragen die Flugzeuge entweder nukleare oder präzisionsgelenkte, konventionelle Kampfmittel. Seit der Abschaffung der letzten Freifall-Atombomben umfasst die Nuklearoption bis zu 20 AGM-86 Air-Launched Cruise Missiles (ALCMs).

Die Flugzeugzelle mag alt sein, doch dank Avionik-Upgrades kann die Besatzung (zwei Piloten, EloKa-Offizier, Radarnavigator und Navigator) bei ihren Einsätzen auf elektrooptische Sensoren, FLIR oder hochentwickelte Targeting-Pods zugreifen. Die Piloten verfügen über Nachtsichtbrillen (NVG) und die Combat Network Communications Technology (CONECT) bietet mit farbigen Multifunktions-Displays und verschlüsselter Satellitenkommunikation eine aktuelle, digitale Avionik mit verbessertem Lagebild.

Die B-52H kam 1991 in großem Umfang bei Operation Desert Storm über dem Irak zum Einsatz. Sie flog dabei direkt von Basen in Großbritannien und den Vereinigten Staaten an und warf 40 Prozent der gesamten von den verbündeten

B-52H STRATOFORTRESS

Abmessungen	Länge 47,72 m Spannweite 56,39 m Höhe 12,40 m
Startgewicht max.	221.150 kg
Antrieb	8 x 75,6 kN (17.000 lb) Pratt-&-Whitney-TF33-P-3/103-Turbofan
Höchstgeschwindigkeit	1.014 km/h
Aktionsradius	7.210 km
Dienstgipfelhöhe	16.765 m (55.003 ft)
Besatzung	2 Piloten, 1 Navigator, 1 Waffensystemoffizier, 1 Offizier für elektronische Kriegsführung
Bewaffnung	bis zu 31.500 kg Mischbeladung von Bomben, Minen und Marschflugkörpern

Boeing B-52H

Die B-52H mit der Seriennummer 61-0031 und dem Wappen des Air Force Reserve Command am Heck fliegt bei der 93rd Bomb Squadron Indian Outlaws, einer in Barksdale stationierten Einheit der 307th Bomb Wing. Diese Reservebomberstaffel ist eine von nur zwei der US Air Force.

Streitkräften aus der Luft eingesetzten Munition ab. Im Jahr 1996 flogen zwei B-52H über dem Irak die bis dahin längsten von Bombern durchgeführten Einsätze. Sie waren nach dem Start von der Barksdale Air Force Base in Louisiana bis nach Bagdad 34 Stunden in der Luft und legten 25.750 Kilometer (16.000 Meilen) zurück.

Die B-52H ging 1999 wieder in den Einsatz, diesmal für die Operation Allied Force über dem ehemaligen Jugoslawien. Seither war der Bomber praktisch ein fester Bestandteil aller Militäreinsätze im Nahen Osten und in Afghanistan, die 2001 mit Operation Enduring Freedom begannen. Die Nachfrage war so groß, dass die Flugzeuge 2016 auch im Verantwortungsbereich des Central Command eingesetzt wurden, sich der Kampagne gegen ISIS-Streitkräfte in Syrien und im Irak anschlossen und rund um die Uhr Luftunterstützung leisteten.

Die aktive Flotte von 58 B-52H der US Air Force ist auf zwei Geschwader verteilt, die 2nd Bomb Wing auf der Barksdale Air Force Base (Louisiana) und die 5th Bomb Wing auf der Minot Air Force Base (North Dakota). Auch die ebenfalls in Barksdale beheimatete 307th Bomb Wing des Air Force Reserve Command nutzt B-52H. Aktuell plant die US Air Force, ihre B-52H bis 2050 einzusetzen. Derzeit beginnt ein Reengineering-Programm zum Ersatz der Pratt-&-Whitney-TF33-Turbofan-Triebwerke, um das Flugzeug bis zum Ende seiner außerordentlichen Karriere einsatzfähig zu halten.

Boeing B-52H

Die B-52H mit der Seriennummer 60-0054 trägt die Abzeichen der 11th Bomb Squadron, einer Einheit der 2nd Bomb Wing auf der Barksdale Air Force Base in Louisiana. Dieses Flugzeug wurde inzwischen am selben Standort an die 20th Bomb Squadron Buccaneers abgegeben.

Tupolew Tu-22M

Die im Westen als Backfire bekannte Tu-22M wurde von Tupolew als Überschall-Mittelstreckenbomber und Raketenträger zum Ersatz der Tu-22 Blinder entwickelt.

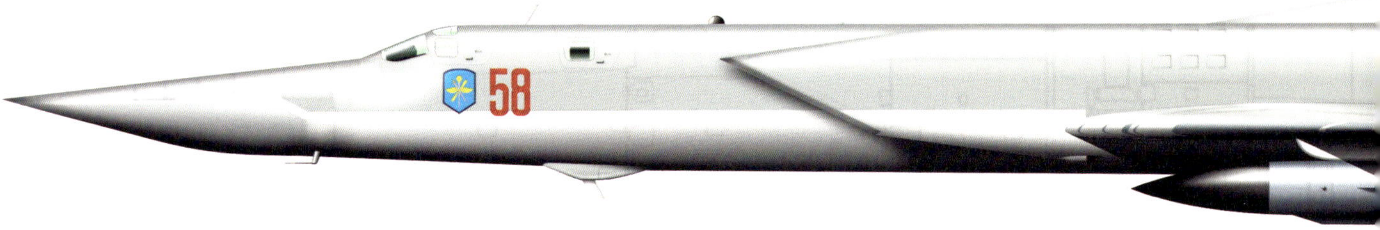

Die Tu-22M sollte im Einsatzfall Land- und Seeziele mit nuklearen und konventionellen Waffen angreifen, darunter im Kalten Krieg die Flugzeugträger-Kampfgruppen der US-Marine. Das Flugzeug hat Schwenkflügel mit großen, fest angebauten „Handschuhen" in der Mitte, in die das Hauptfahrwerk einfährt. Die vierköpfige Besatzung – zwei Piloten, dahinter Navigator und Waffensystemoffizier – verfügt über Schleudersitze. Für den Antrieb sorgen zwei Kusnezow-NK-25-Turbofans mit Nachbrenner, zur Verkürzung der Startstrecke existiert eine Raketen-Vorrichtung. Eine Tanksonde war ursprünglich im Bug installiert. Sie wurde später wieder ausgebaut, um die Abrüstungsverträge einzuhalten.

Ziele werden mit einem Navigations-/Angriffsradar im Bug und einem optischen TV-Bombenvisier unter dem Cockpit aufgefasst und verfolgt. Die computergesteuerte Navigation mit Trägheitsnavigationssystem und Doppler-Radar ermöglicht den automatischen, vorprogrammierten Flug in großen oder niedrigen Höhen. Zum Selbstschutz der Tu-22M3 dienen Radarwarnempfänger, Infrarotsensoren für Raketenstart und -annäherung, aktive Störsender, Noise Jammer (Rauschstörer) und Täuschkörperwerfer. Zur Verteidigung dient auch die doppelläufige 23 Millimeter (0,9 Zoll)-Kanone im Heck, wo allerdings normalerweise auch Köder beladen sind.

Zu Beginn bestand die Hauptbewaffnung der Tu-22M aus der Überschallrakete Kh-22 (AS-4 Kitchen). Sie kann nukleare oder konventionelle Nutzlast tragen, verfügt über Aktivradar und Trägheitsnavigation und existiert in verschiedenen Versionen für See- oder Landzielangriffe. Die verbesserte, äußerlich ähnliche Kh-32 kam Anfang der 2000er-Jahre heraus. Die Tu-22M kann drei dieser großen Raketen tragen, führt aber normalerweise nur eine mit.

Die Entwicklung der Tu-22M begann 1967. Das erste Exemplar einer kleinen Serie von Tu-22M0-Erprobungsträgern machte am 30. August 1969 den Erstflug. Es folgten geringe Stückzahlen der Tu-22M1-Version mit überarbeiteten Tragflächen. Das erste Serienmodell Tu- 22M2 hatte 1973 seinen Jungfernflug. Die derzeit einzige im Einsatz stehende Variante Tu-22M3 Backfire-C erschien 1977. Sie hat größere, keilförmige Lufteinlässe, NK-25-Triebwerke und weitere Flügelmodifikationen.

Zwischen 1969 und 1993 wurden mehr als 500 Backfire aller Varianten gebaut. Einige davon verblieben nach dem Fall der Sowjetunion in der Ukraine, doch heute betreibt nur noch Russland das Flugzeugmodell. Früher auf Luftwaffe und Marine aufgeteilt, wird die Tu-22M3-Flotte von etwa 60 Exemplaren jetzt ausschließlich von den russischen Luft- und Weltraumkräften betrieben.

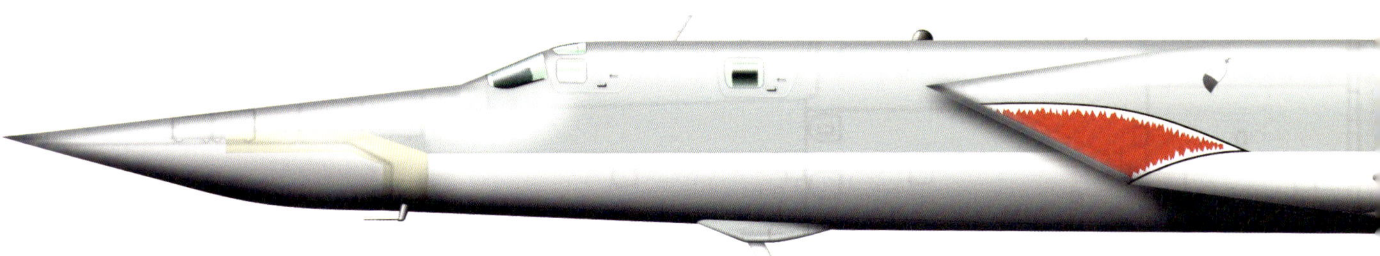

TU-22M3

Abmessungen	Länge 42,46 m Spannweite 34,28 m ausgeschwenkt 23,30 m eingeschwenkt Höhe 11,05 m
Startgewicht max.	126.000 kg
Antrieb	2 x 245,25 kN (55.134 lb) Kusnezow-NK-25-Turbofan mit Nachbrenner
Höchstgeschwindigkeit	2.327 km/h
Aktionsradius	1.850 km
Dienstgipfelhöhe	13.300 m (43.635 ft)
Besatzung	2 Piloten, 1 Navigator, 1 Waffensystemoffizier
Bewaffnung	eine doppelläufige 23 mm-GSch-23M-Kanone, bis zu 24.000 kg interne und externe Beladung; Hauptbewaffnung: bis zu drei mittig unter dem Rumpf und unter den Schwenkflügelwurzeln sitzende Kh-22- oder Kh-32-Raketen; Freifallbomben können im Bombenschacht, an Stationen unter den Triebwerkseinlässen und unter den Flügelwurzeln getragen werden

Tu-22M3

Die Tu-22M3 mit der Bezeichnung RF-94221 58 Rot trägt eine Kh-22-Schiffsabwehrrakete unter dem festen Flügelteil und zeigt für den Reiseflug nach vorne geschwenkte Tragflächen.

Neben der bereits erwähnten Kh-32-Rakete gab es weitere Upgrades am Bomber. Ein wichtiges Resultat war die Tu-22M3M, die 2018 ihren Erstflug machte. Sie verfügt über ein neues, mit aktuellen Waffen kompatibles Radar- und Navigationssystem, ein Glascockpit, Fly-by-Wire und überarbeitete Selbstschutzausrüstung. Von den neueren Bombern Russlands war die Tu-22M am häufigsten im Einsatz. Sie kämpfte in Afghanistan, später auch über Tschetschenien und Georgien, wo ein Flugzeug abgeschossen wurde. Seit 2015 war die Tu-22M3 regelmäßig über Syrien im Einsatz, und im Jahr 2021 wurden die Bomber zum ersten Mal auf einen Luftwaffenstützpunkt in der syrischen Provinz Latakia verlegt.

Tu-22M3

Das Flugzeug mit dem Kennzeichen RF-34079 und der taktischen Nummer 57 Rot ist hier mit nach hinten geschwenkten Flügeln und ungewöhnlichen Haifisch-Markierungen am Triebwerkseinlass zu sehen.

Tupolew Tu-95MS

Die Anfänge des im Westen als Bear-H bekannten Flugzeugs lassen sich bis in die Zeit Stalins in den frühen 1950er-Jahren zurückverfolgen. Damals erhielt Tupolew den Auftrag, den neuen, strategischen Bomber Tu-95 zu entwickeln.

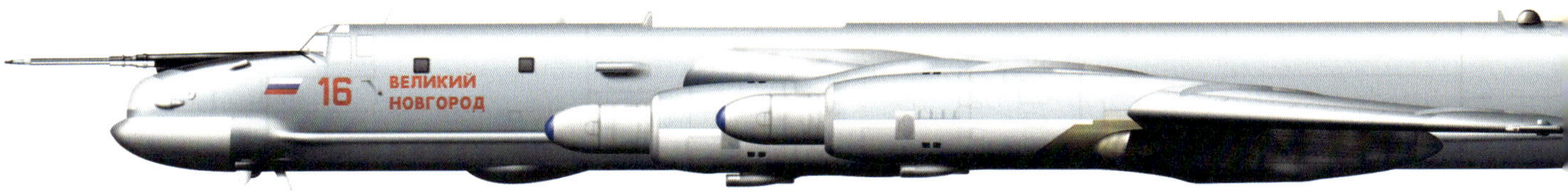

Die Tu-95 machte am 12. November 1952 den Erstflug. Drei Jahre später begann die Serienproduktion. Zu den Hauptversionen im Kalten Krieg zählten Seeaufklärer und Flugzeuge mit Abstandsraketen. Von diesen früheren Bears wurden bis 1969 in Samara 173 fertiggestellt. Danach konzentrierte sich die Produktion auf das in Taganrog gebaute, stark überarbeitete Langstrecken-Seeaufklärungsflugzeug Tu-142. Dieses diente als Basis für die jetzt bei den russischen Luft- und Weltraumkräften im Einsatz stehende Tu-95MS Bear-H. Sie wurde als Träger einer neuen Generation von luftgestützten Marschflugkörpern entwickelt, die Ende der 1970er-Jahre verfügbar wurden.

Der erste Prototyp der Tu-95MS flog am 14. September 1979. Sie sollte den atomar bestückten Marschflugkörper Kh-55 (AS-15 Kent) tragen und hatte die Hauptmerkmale der ersten Bear wie Pfeilflügel in Mitteldecker-Bauweise und vier NK-12MP-Turboprops, von denen jeder zwei koaxiale, gegenläufige Vierblattpropeller antreibt. Das Hauptfahrwerk sitzt unter markanten Verkleidungen an den Flügelhinterkanten. Der Rumpf wurde im Vergleich zur Tu-142 verkürzt und bietet Platz für eine siebenköpfige Besatzung, nämlich zwei Piloten und je einen Navigator, Navigator/Selbstschutzsystembediener, Kommunikationsoperator, Flugingenieur und Heckschützen.

Die Auslieferung der Tu-95MS an die damalige sowjetische Luftwaffe begann im Dezember 1982. Bis zum Produktionsende 1992 wurden insgesamt 88 Exemplare fertiggestellt. Mit dem Zusammenbruch der Sowjetunion blieben einige Flugzeuge in Kasachstan und der Ukraine zurück, von denen die meisten schließlich wieder an Russland übergeben wurden.

Die Tu-95MS wurde in zwei Untervarianten hergestellt, einer Basisversion mit Kh-55-Raketen und dem Osina-Raketenleitsystem und einem Flugzeug mit modernerem Sprut-Raketenleitsystem. Dieser Typ war kompatibel mit der Langstreckenrakete Kh-55SM und besaß überarbeitete Selbstverteidigungs- und Kommunikationssysteme. Einige der Bomber trugen sechs Raketen in der internen Waffenbucht, andere Träger für weitere zehn Raketen unter den Flügeln. Die Kh-55 und Kh-55SM waren reine Nuklearwaffen. Später erhielt das Flugzeug auch die Kh-555, eine konventionelle Variante derselben Waffe. Sechs davon könnten im Rumpf des Flugzeugs befördert werden.

In letzter Zeit wurden die Kh-55 und Kh-55SM durch Kh-101- und Kh-102-Marschflugkörper neuer Generation ergänzt. Sie haben Stealth-Eigenschaften und tragen konventionelle beziehungsweise nukleare Sprengköpfe. Diese Raketen sind erheblich größer als die der Kh-55-Familie und müssen daher

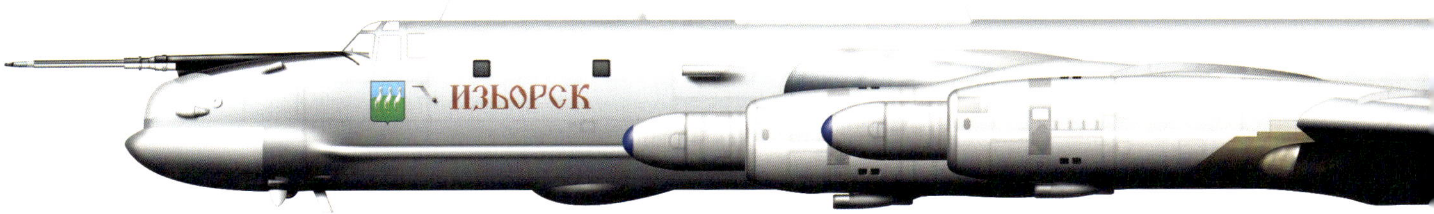

TU-95MS

Abmessungen	Länge 46,13 m Spannweite 50,04 m Höhe 13,20 m
Startgewicht max.	185.000 kg
Antrieb	4 x 15.000 PS (11.030 kW) Kusnezow/Samara-NK-12MP-Turboprop
Höchstgeschwindigkeit	830 km/h
Reichweite	10.500 km
Dienstgipfelhöhe	10.500 m (34.450 ft)
Besatzung	2 Piloten, 2 Navigationsoffiziere, 1 Flugingenieur, 1 Heckschütze, 1 Kommunikationsoffizier
Bewaffnung	eine doppelläufige 23-mm-GSch-23M Kanone im Heckgeschütz, bis zu 21.000 kg Beladung, üblicherweise sechs Kh-55- oder Kh-55SM-Marschflugkörper in der internen Waffenbucht, optional zehn weitere Raketen unter den Flügeln einiger Flugzeugvarianten; mit Upgrade optional sechs intern getragene Kh-555 oder bis zu acht Kh-101/Kh-102

Tu-95MS

In den letzten Jahren erhielten Tu-95MS-Bomber der russischen Luft- und Weltraumkräfte individuelle Bezeichnungen. Dieses Flugzeug, RF-94124 16 Rot, heißt Weliki Nowgorod, zu Ehren der gleichnamigen Stadt im Westen Russlands. Dieses Flugzeug gehört zum 184. Schweren Bomberfliegerregiment in Engels.

extern getragen werden, wobei maximal acht auf neuen Außenträgern montiert sind.

Abgesehen von der Raketenaufrüstung werden die verbliebenen Tu-95MS-Flugzeuge auf den stark modernisierten Tu-95MSM-Standard umgebaut. Er bietet ein neues Radar, eine überarbeitete Navigationsausrüstung und ein Cockpit mit fünf Flüssigkristalldisplays. Hinzu kommen neue Selbstverteidigungssysteme, ein neues Flugsteuerungssystem und Upgrades der Triebwerke, um deren Lebensdauer zu verlängern und die Leistung zu steigern.

Ursprünglich für den reinen Atomwaffeneinsatz gedacht, ging die Tu-95MS erst im November 2015 zum ersten Mal in den Kampfeinsatz. Sie trug inzwischen Kh-555-Raketen und griff Ziele in Syrien an. Bei diesen Langstreckenmissionen kamen die Bomber direkt von ihrer Basis in Engels und überflogen dabei das Kaspische Meer und den Iran.

Tu-95MS

Ein weiteres Flugzeug des 184. Schweren Bomberfliegerregiments, die Tu-95MS RF-94117 27 Rot, trägt den Namen Isborsk nach einer bedeutenden Festung in Westrussland.

Tupolew Tu-160

Die Tu-160 wurde gegen Ende des Kalten Krieges von Tupolew entwickelt. Sie ist ein Überschallraketenträger und -bomber mit interkontinentaler Reichweite.

Obwohl die Produktion der Tu-160 nach dem Untergang der Sowjetunion gedrosselt wurde, begann die Fabrik in Kasan im Südwesten Russlands in jüngerer Zeit mit dem Bau einer neuen Version des Blackjack. Der Schwenkflügler Tu-160 sollte anfangs vor allem strategische Marschflugkörper tragen. Sie sind in aktualisierter Form mit nuklearen und konventionellen Sprengköpfen auch heute noch die Hauptbewaffnung. Anders als die amerikanische B-1B soll die Tu-160 entweder aus dem Tiefflug oder aus größeren Höhen mit bis zu 2000 km/h in den feindlichen Luftraum eindringen.

Die Tu-160 hat eine vierköpfige Besatzung mit einem Piloten, einem Copiloten, einem Navigator/Offensivwaffenbediener und einem Navigator/EloKa-Operator. Alle haben Schleudersitze. Angetrieben von zwei weit auseinanderliegenden Paaren von Kusnezow-NK-32-Turbofans unter dem Rumpf, verfügt das Flugzeug über Schwenkflügel und eine verblendete Rumpf-/Flügel-Mittelsektion mit zwei Tandem-Waffenschächten.

Trotz des frühen Tu-160-Programmstarts im Jahr 1967 machte der erste Prototyp erst am 18. Dezember 1981 seinen Jungfernflug. In den folgenden Jahren stellte die Tu-160 44 Weltrekorde auf. Die ersten Serienflugzeuge gingen im April 1987 an eine Einsatzstaffel. Nach dem Zusammenbruch der Sowjetunion waren nur sechs einsatzbereite Tu-160 auf russischem Territorium stationiert, weitere 19 in der Ukraine. Acht der ukrainischen Flugzeuge wurden anschließend von Moskau zurückgekauft und kamen dort in den Jahren 1999 bis 2000 an. Nach zwei früheren Verlusten blieb den russischen Luft- und Weltraumkräften eine Flotte von 16 Tu-160, die alle in Engels in Zentralrussland stationiert waren.

Trotz dieser relativ geringen Stückzahlen war die Tu-160 stets ein hoch geschätztes Waffensystem. Mitte der 2010er-Jahre begann ein Mid-Life-Upgrade der verbliebenen Flugzeuge. Es erfolgte in zwei Stufen: Während der routinemäßigen Überholung wurden zunächst ein neuer Autopilot und Navigations- und Kommunikationssysteme eingerüstet. Dann machte im Februar 2020 eine stark modernisierte Tu-160M mit komplett überholten Missionssystemen und verbesserter Avionik ihren Erstflug. Sie besaß ein neues Novella-Radar, ein Glascockpit sowie verbesserte Steuerungssysteme, Navigations- und Selbstverteidigungsausrüstung.

Die erste nach diesen Vorgaben neu hergestellte Tu-160M sollte 2021 in Kazan ihren Roll-Out machen. Die russischen Luft- und Weltraumkräfte dürften bis zu 50 neue Blackjacks benötigen. Dies wird allerdings vermutlich auch vom Fortgang der Arbeiten am strategischen Bomber neuer Generation PAK DA abhängen.

Im November 2015 wurde die Tu-160 erstmals bei russischen Luftangriffen auf Ziele in Syrien im Kampf eingesetzt. Dabei überflogen die Flugzeuge das Kaspische Meer und

Tu-160 Kusnezow
Diese Tu-160 mit dem Kennzeichen RF-94100 10 Rot trägt den Namen Nikolai Kusnezow. Sie gehört ebenfalls zum 121. Schweren Bomberfliegerregiment in Engels, der letzten Blackjack-Einheit. Ein weiteres Exemplar befindet sich zu Testzwecken bei Tupolew.

TU-160

Abmessungen	Länge 54,10 m Spannweite 55,70 m ausgeschwenkt 35,60 m eingeschwenkt Höhe 13,10 m
Startgewicht max.	275.000 kg
Antrieb	4 x 244,65 kN (55.000 lb) Kusnezow-NK-32-Turbofan mit Nachbrenner
Höchstgeschwindigkeit	2.220 km/h
Aktionsradius	7.300 km
Dienstgipfelhöhe	15.600 m (51.181 ft)
Besatzung	2 Piloten, 1 Bordingenieur, 1 Waffensystemoffizier
Bewaffnung	zwei Tandem-Waffenbuchten im Rumpf fassten anfangs zwölf Kh-55SM-(AS-15 „Kent")-Marschflugkörper mit nuklearen Sprengköpfen auf zwei Rotationsabschussgeräten oder bis zu 24 Kh-15-(AS-16 „Kickback")-Kurzdistanz-Raketen auf vier Rotationsabschussgeräten. Upgrades erbrachten Vorrichtungen für bis zu zwölf Kh-555-Flugkörper mit konventionellen Sprengköpfen oder zwölf konventionell oder nuklear bestückte Raketen der Baureihen Kh-101/Kh-102

feuerten Kh-101- und Kh-555-Marschflugkörper vom iranischen Luftraum aus ab. Ein anderer Einsatz führte die Tu-160 über Norwegen und Britannien, bevor sie ihre Waffen über dem Mittelmeer abfeuerten. Die Blackjack absolvierte auch eine Reihe von öffentlichkeitswirksamen Langstreckeneinsätzen nach Südafrika, Venezuela und vor der Küste Alaskas, über Gewässern in der Nähe von Japan und dem Golf von Biskaya. Alle Einsätze erfolgten mit Luftbetankung.

Tu-160 Kopylow
Die Tu-160 mit dem Kennzeichen RF-94115 08 Rot trägt den Namen Witali Kopylow und ist eines der jüngeren Flugzeuge der Flotte. Es entstand unter Verwendung einer Rohbau-Zelle im Werk von Kasan und machte im Dezember 2007 den Erstflug. Im April darauf kam die Tu-160 zur russischen Luftwaffe und dient derzeit beim 121. Schweren Bomberfliegerregiment.

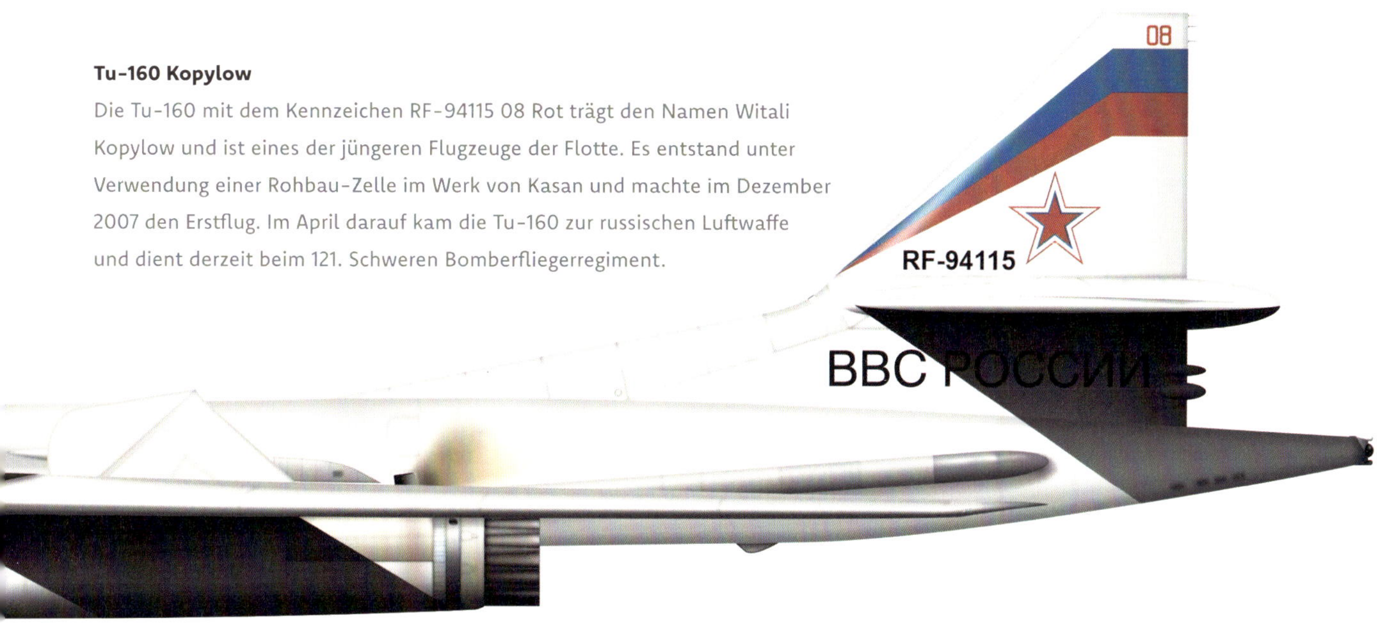

Xi’an H-6

Die Tupolew Tu-16 Badger aus der Frühzeit des Kalten Krieges diente als Blaupause für die H-6, den noch immer wichtigsten Langstreckenbomber der chinesischen Luftstreitkräfte. Die aktuellen Versionen dieses Flugzeugs aus chinesischer Entwicklung unterscheiden sich allerdings erheblich vom Originalentwurf.

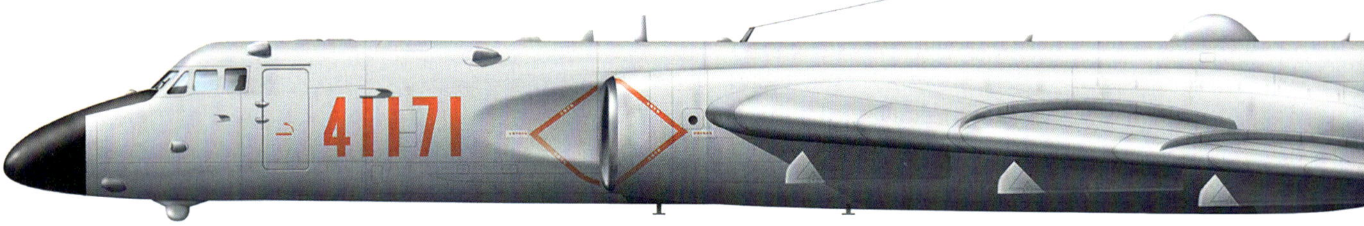

Bereits 1956 einigten sich China und die Sowjetunion auf die Errichtung eines Werkes in Harbin (China) für die Fertigung von Tu-16 mit der neuen Typenbezeichnung H-6. Moskau stellte Anfang 1959 zwei Tu-16 als Muster zur Verfügung, gefolgt von einer weiteren als Bausatz. Zur selben Zeit begannen die Arbeiten zum Lizenzbau des Turbostrahltriebwerks Mikulin RD-3 (chinesische Bezeichnung: WP-8). Die erste in China gebaute H-6 machte im September 1959 den Erstflug.

Zwei Jahre später wurde die Produktion der chinesischen Badger nach Xi’an verlagert, was sich als äußerst aufwendig erwies. Erst im Dezember 1968 hob endlich eine im neuen Werk gebaute H-6 ab. Die noch in Xi‘an gebauten Flugzeuge, H-6A, waren 1970 bei der Luftwaffe der Volksbefreiungsarmee (PLAAF) in Dienst gestellt worden. Eines dieser Flugzeuge hatte im Jahr 1967 Chinas erste Wasserstoffbombe abgeworfen. Die Produktion der H-6A ging noch bis Mitte der 1980er-Jahre weiter. Zu diesem Zeitpunkt waren etwa 140 Flugzeuge fertiggestellt.

Mitte der 1970er-Jahre hatte man auch an einer Variante für die Marineflieger der Volksbefreiungsarmee (PLANAF) gearbeitet. Die H-6D konnte die Schiffsabwehrrakete YJ-6 abfeuern und hatte ein großes Zielerfassungsradar unter der Nase. Diese erste Marinevariante wurde ab 1985 in Dienst gestellt.

China führte parallel zu den Badger-Entwicklungen in der Sowjetunion auch Tanker-Versionen ein. Die Arbeiten begannen Mitte der 1980er-Jahre, die Indienststellung erfolgte allerdings erst in den 1990er-Jahren. Dazu gehörte die von vornherein als Tanker konzipierte HU-6 mit einer geschlossenen Nase und ohne Kinnradom. Der HU-6D-Tanker entstand im Gegensatz dazu durch Umbau vorhandener PLANAF H-6D und behielt den verglasten Bug und das Radom. Beide Tanker verfügen über ein Schlauch- und Drogue-System zum Betanken von Jägern mit Luftbetankungsstutzen.

Während die Marineflieger weiter H-6B erhielten, entschied sich die Luftwaffe für die Umrüstung ihrer H-6A auf zahlreiche verbesserte Versionen mit neuen Bordsystemen. So entstanden die nuklearfähige H-6E und die konventionelle H-6F.

H-6N

Diese H-6N gehört zur 106. Luftbrigade, einem anderen Teil der 36. Bomberdivision. Sie ist auf dem Luftwaffenstützpunkt Nanyang-Neixing in der Provinz Henan stationiert. Höhlen in einem nahgelegenen Berg dienen als Schutzbauten für die hier betriebenen H-6K- und H-6N-Bomber.

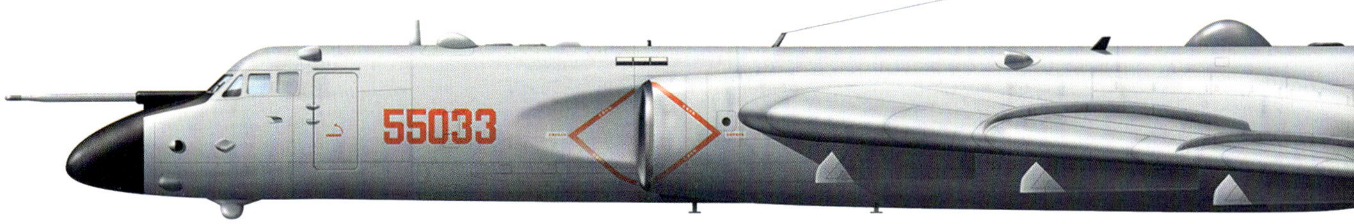

H-6K

Diese H-6K gehört zum 108. Luftregiment der Volksbefreiungsarmee. Diese Einheit der 36. Bomberdivision betreibt seit Mitte der 1960er-Jahre aufeinanderfolgende Varianten der H-6. Das 108. Luftregiment fliegt sowohl die H-6K als auch die H-6M von ihrem Stützpunkt Wugong in der Provinz Shaanxi.

H-6K

Abmessungen	Länge 34,80 m Spannweite 33,00 m Höhe 10,36 m
Startgewicht max.	79.000 kg
Antrieb	2 x 117 kN (26.302 lb) Solowjow-D-30KP-2-Turbofan
Höchstgeschwindigkeit	1.050 km/h
Aktionsradius	3.000 km
Dienstgipfelhöhe	12.800 m (42.000 ft)
Besatzung	2 Piloten, 1 Navigator, 1 Waffensystemoffizier
Bewaffnung	sechs Unterflügelträger für luftgestützte KD-20- oder KD-63-Bodenangriffs-Marschflugkörper

Auch wenn die H-6E/F neue Navigations- und EloKa-Ausrüstung bekamen, waren sie weiterhin Freifallbomber. Die Ende der 1990er-Jahre flugfähige H-6H konnte hingegen KD-63-Langstreckenraketen abfeuern. Die H-6M ist ihr weitgehend ähnlich und entstand vermutlich durch den Umbau von H-6E/F-Bombern. Sie hat umfangreichere Selbstschutzsysteme und kann die neueren, luftgestützten Marschflugkörper KD-20 tragen. Als PLANAF-Variante diente unterdessen die H-6G, ein Nachfolger der H-6D mit moderneren YJ-83K-Schiffsabwehrraketen oder YJ-91-Anti-Radarraketen an vier Unterflügelstationen. Das H-6L-Derivat kann Überschall-YJ-12-Schiffsabwehrraketen einsetzen.

Es folgte eine umfassende Überarbeitung des ersten H-6-Entwurfs zur Produktion einer Familie neuer Versionen. Sie erhielten eine Airliner-ähnliche Nase ohne Verglasung, ein größeres Radom und neu gestaltete Lufteinlässe für die russischen D-30KP-2-Turbofan-Triebwerke. Zu diesen neu gestalteten Flugzeugen gehören neben der H-6K der PLAAF mit sechs Marschflugkörpern unter den Tragflächen auch die mit der YJ-12 bewaffnete H-6J der PLANAF und die H-6N, eine Spezialvariante für luftgestützte ballistische Raketen mit Bordbetankungssonde.

Ein strategischer H-6K-Bomber der Luftwaffe der Volksbefreiungsarmee auf dem Flugplatz Djagilewo in Russland während des Aviadarts-Wettbewerbs im Jahr 2019.

78
77

ANGRIFFSFLUGZEUGE UND JAGDBOMBER

Während des Kalten Krieges wurde viel Arbeit in die Entwicklung von Angriffsflugzeugen und Jagdbombern investiert. Seit den 1990er-Jahren liegt der Schwerpunkt deutlich mehr auf den Mehrzweckjägern für Angriffs- und Luftverteidigungseinsätze. Daneben existiert die jüngere Kategorie leichter Kampfflugzeuge. Diese basieren oft auf Fortgeschrittenen-Trainern, sind erschwinglicher und verfügen über weniger beeindruckende Leistungen, können aber viele Einsatzrollen der Generation 4.5 übernehmen. Die L-159 ALCA und TA-50 Golden Eagle sind typische Beispiele.

DIESES KAPITEL BEHANDELT FOLGENDE FLUGZEUGE:

- Panavia Tornado
- SEPECAT Jaguar
- AMX International AMX
- McDonnell Douglas AV-8B Harrier II
- Fairchild Republic A-10 Thunderbolt II
- Aero Vodochody L-159 ALCA
- Suchoi Su-24
- Suchoi Su-25
- Suchoi Su-34
- Xi'an JH-7
- TA-50 Golden Eagle

Zwei Suchoi Su-25-Bodenangriffsflugzeuge der russischen Luftwaffe bereiten sich im Jahr 2015 auf dem Luftwaffenstützpunkt Kubinka (Region Moskau) auf die jährliche Siegesparade vor.

Panavia Tornado

Der Tornado wird heute noch von drei Luftwaffen betrieben. Er war einmal eines der wichtigsten Kampfflugzeuge Europas und diente in den letzten Jahren des Kalten Krieges hauptsächlich in der Nuklear-Angriffsrolle.

Die Bedeutung des Tornados nahm stark ab, als das Vereinigte Königreich Anfang 2019 seinen letzten Tornado GR4 ausmusterte. Das Flugzeug erhält jedoch weiterhin Upgrades, und gerade die neuesten Exemplare sind äußerst schlagkräftige Einsatzmittel.

Die Tornado-Entwicklung begann 1968. Italien, das Vereinigte Königreich und die Bundesrepublik Deutschland schufen damals das gemeinsame Multi-Role Combat Aircraft (MRCA)-Programm. Der erste Prototyp des zweisitzigen Allwetter-Interdictor Strike (IDS)-Flugzeugs mit Schwenkflügeln machte am 14. August 1974 seinen Jungfernflug. Insgesamt entstanden neun Prototypen und fünf Vorserienflugzeuge, gefolgt von Serienmaschinen aus Werken in allen drei Partnerländern.

Upgrades für die deutsche Tornado-Flotte, darunter die IDS-Flugzeuge und die hauptsächlich zur Unterdrückung feindlicher Luftabwehr genutzte ECR (Electronic Combat and Reconnaissance)-Variante sollen einen Betrieb von etwa 85 Flugzeugen bis mindestens 2025 sichern. Die Flugzeuge sind auf die Fliegerhorste Schleswig-Jagel und Büchel verteilt. Letzterer hat weiterhin eine Nuklearrolle mit B61-Bomben aus den USA.

Die Modernisierung der deutschen Tornados geschah durch Upgrades der Avionics System Software Tornado Ada (ASSTA). Sie begannen mit der Einführung des neuen Hauptmissionscomputers, eines Laser-Trägheitsnavigations-/GPS-Systems, des Rafael Litening Laser Designator Pods und neuer präzisionsgelenkter Waffen, inklusive dem Abstands-Marschflugkörper Taurus KEPD 350. Es folgte ASSTA 2 mit einem Display System Upgrade (DSU) und dem Tornado Defensive Aids Subsystem (TDASS). Dieser Standard wurde bald von ASSTA 3 abgelöst, mit neuen Funkgeräten, einem verbesser-

TORNADO GR4

Abmessungen	Länge 17,23 m Spannweite 13,91 m ausgeschwenkt 8,56 m eingeschwenkt Höhe 5,95 m
Startgewicht max.	27.216 kg
Antrieb	2 x 71,3 kN (16.028 lb) Turbo-Union-RB199-34R-Mk-103-Turbofan mit Nachbrenner
Höchstgeschwindigkeit	2.337 km/h
Aktionsradius	1.200 km
Dienstgipfelhöhe	15.240 m (50.000 ft)
Besatzung	1 Pilot, 1 Waffensystemoffizier
Bewaffnung	eine 27-mm-BK-27-Bordkanone, bis zu 9.000 kg Waffen- und Kraftstoffbeladung an vier Unterflügelstationen und drei Stationen unter dem Rumpf

IDS-Tornado

Auch wenn dieser Luftwaffen-Tornado eher eine IDS- als eine ECR-Version ist, trägt er AGM-88 HARM-Raketen, mit denen er ebenfalls kompatibel ist. Das Flugzeug trägt die Abzeichen des Taktischen Luftwaffengeschwaders 51 Immelmann, das von Schleswig-Jagel aus beide Varianten sowie Tornados mit Aufklärungsausrüstung einsetzt.

Ein Panavia Tornado IDS der saudi-arabischen Luftwaffe beim Start von Malta nach Saudi-Arabien. Das Flugzeug hat ein Upgrade-Programm bei BAe Systems in Großbritannien durchlaufen.

ten Hauptcomputer, Multifunction Information Distribution System (MIDS) für Link 16-Datalink und Kompatibilität mit Laser Joint Direct Attack Munition (LJDAM). ASSTA 3.1 brachte weitere Cockpit-Upgrades, einen neuen Chaff-Flare-Dispenser Pod und Verbesserungen am Emitter Locator System (ELS) des Tornado ECR.

Deutsche Tornados waren in letzter Zeit im Nahen Osten im Einsatz, wo sie im Rahmen der Operation Inherent Resolve Aufklärungsmissionen flogen. Zuvor waren sie bereits in derselben Rolle in Afghanistan tätig. Die italienische Tornado-Flotte des letzten verbliebenen Geschwaders auf dem Stützpunkt Ghedi flog ebenfalls Aufklärungseinsätze zur Unterstützung der Anti-IS-Mission sowie über Afghanistan und Libyen.

Die italienischen Jets erhielten eine ähnliche Folge von Upgrades wie ihre deutschen Gegenstücke. Sowohl die IDS- als auch die ECR-Varianten sind weiterhin im Einsatz. Rund 60 Tornados dienen derzeit bei den italienischen Luftstreitkräften mit drei verschiedenen Upgrade-Standards, RET 7 (nur zur Schulung) und die Einsatzmuster RET 6 und RET 8. Sie können ebenfalls B61-Atombomben tragen. Sie sollten voraussichtlich bis mindestens 2025 fliegen und von der F-35 abgelöst werden.

Das erste italienische Upgrade brachte eine verbesserte Kommunikations- und Navigationsausrüstung, neue Avionik, Einsatzsoftware und zusätzliche, präzisionsgelenkte Waffen wie die GBU-31 Joint Direct Attack Munition (JDAM) und die MBDA Storm Shadow Cruise Missile. Im Gegensatz dazu verfügen die neuesten RET-6- und RET-8-Varianten über den Thales Convertible Laser Designation Pod (CLDP) und den Aufklärungs-Pod Rafael RecceLite, deutlich verbesserte Cockpit-Displays und -Schnittstellen.

Der dritte und letzte Betreiber ist Saudi-Arabien, das Mitte der 1980er-Jahre Tornado-IDS-Varianten zusammen mit (inzwischen ausgemusterten) Tornado-ADV-Abfangjägern erwarb. Die Tornado IDS wurden in zwei Chargen von 48 Flugzeugen beschafft und erhielten die Flächenwaffe JP233 mit Streumunition gegen Start- und Landebahnen, Sea-Eagle-Anti-Schiffs-Raketen und ALARM-Anti-Radar-Raketen. Die Flugzeuge entsprachen weitgehend den Tornados der Royal Air Force.

Die saudischen Flugzeuge wurden inzwischen im Rahmen des Tornado Sustainment Program (TSP) auf einen Standard gebracht, der dem der letzten Royal Air Force GR4 ähnelt. Er umfasst den Thales Damocles Targeting Pod, laser-/GPS-gesteuerte Paveway-IV-Bomben mit zwei Betriebsarten, Brimstone-Panzerabwehrlenkwaffen und Storm-Shadow-Marschflugkörper.

SEPECAT Jaguar

Der Jaguar ist ein Kampfflugzeug des Kalten Krieges. Er wurde in den frühen 1960er-Jahren von Frankreich und dem Vereinigten Königreich als taktisches Angriffsflugzeug und Fortgeschrittenen-Trainer entwickelt. Heute dient er nur noch bei den indischen Luftstreitkräften und ist eine ihrer wichtigsten Offensivwaffen.

Jaguar IS

Diese Jaguar-IS-Version fliegt bei der indischen No. 14 Squadron Bulls auf der Ambala Air Force Station, einem Bestandteil des Western Air Command. Insgesamt wurden 125 Jaguar-IS-Flugzeuge nach Indien geliefert, die letzten 20 davon in den Jahren 2006 und 2007. Diese jüngeren Flugzeuge waren bereits mit dem DARIN-System (Display Attack Ranging Inertial Navigation) ausgestattet.

Indien wählte den Jaguar als Deep Penetration Strike Aircraft (DPSA, Angriffsflugzeug mit großer Eindringreichweite) aus. Die Bedarfsfeststellung erfolgte nach dem Indo-Pakistanischen Krieg von 1971, erste Bestellungen wurden 1978 abgegeben. Die ersten Lieferungen umfassten 18 Jaguare aus Beständen der britischen Royal Air Force, gefolgt von 40 bei British Aerospace neu gebauten einsitzigen Jaguar IS und zweisitzigen Jaguar IB. Weitere 110 Jaguare entstanden in Lizenz bei Hindustan Aeronautics Limited (HAL). Die Gesamtproduktion von HAL betrug später 128 Jaguare, von denen die letzten 2006 bestellt wurden. In der Zwischenzeit erlebten die indischen Jaguare die ersten größeren Kämpfe während des Kargil-Konflikts zwischen Indien und Pakistan im Jahr 1999.

Die meisten von HAL gebauten Jaguare erhielten den üblichen Ferranti Laser Ranger und Marked Target Seeker (LRMTS). Acht wurden mit einem Thomson-CSF Agave-Radar für die Seeangriffsrolle mit Sea-Eagle-Raketen modifiziert. Das Agave-Radar wurde später durch das von Israel gelieferte Elta EL/M-2032 ersetzt.

Schon nach kurzer Betriebszeit startete Indien für seine Jaguare ein mehrphasiges Upgrade-Programm unter der Bezeichnung Display Attack Ranging and Inertial Navigation (DARIN). Dabei kam neue Avionik hinzu, zunächst mit einem Head-Up Display and Weapon Aiming Computer (HUDWAC). Nachfolgende DARIN-Phasen brachten ein weiter verbessertes Head-up Display (HUD), Multifunktionsdisplays (MFD) und ein neues Thales LRMTS unter einer umgestalteten Flugzeugnase. Neben den Avionik-Upgrades wurden die Waffenbeladung und die Anzahl der Waffenträger schrittweise erhöht. Daneben erhielten die Jaguare israelische und indische EloKa-Ausrüstung.

SEPECAT JAGUAR

Abmessungen	Länge 15,52 m Spannweite 8,69 m Höhe 4,89 m
Startgewicht max.	15.700 kg
Antrieb	2 x 32,5 kN (7.300 lb) Rolls-Royce/Turbomeca-Adour-Mk-102-Turbofan mit Nachbrenner
Höchstgeschwindigkeit	1.750 km/h
Aktionsradius	1.400 km
Dienstgipfelhöhe	14.000 m (45.931 ft)
Besatzung	1 Pilot
Bewaffnung	zwei 30-mm-DEFA-Bordkanonen, bis zu 4.536 kg Abwurflasten an sieben Außenträgern

AMX International AMX 

Brasilien und Italien starteten Ende der 1970er-Jahre das Entwicklungsprogramm für den leichten AMX-Unterschall-Jagdbomber und -Aufklärer. Die Produktion sollte in beiden Ländern erfolgen.

Bei Aeritalia und Embraer entstanden sechs Prototypen, von denen der erste am 15. Mai 1984 seinen Jungfernflug machte. Der Pilot verfügt über Hands-on-Throttle-and-Stick-Steuerung, Head-Up- und Head-Down-Displays. Am vorderen Rumpf kann eine abnehmbare Bordbetankungssonde angebracht werden.

187 Exemplare wurden für die italienischen, 79 für die brasilianischen Luftstreitkräfte als Einsitzer oder Doppelsitzer (AMX-T) gebaut. Der AMX zeichnet sich durch Kurzstarteigenschaften und moderne Navigations- und Angriffssysteme aus. Er wurde von beiden Betreibern im Kampf eingesetzt. Italienische Exemplare flogen im Rahmen der Operation Inherent Resolve Aufklärungsmissionen im Nahen Osten, brasilianische Jets unterstützen Operationen zur Drogenbekämpfung und gegen andere illegale Aktivitäten im Land.

Für den AMX gingen keine Exportaufträge ein. Das Flugzeug war Mitte 2021 noch in Brasilien und Italien im Einsatz. Die brasilianischen Exemplare A-1A (einsitzig) und A-1B (zweisitzig) erhielten ein Upgrade-Programm mit modernisiertem Cockpit sowie präzisionsgelenkter Munition. Die brasilianische Aufklärungsversion RA-1 kann mit dem Rafael-RecceLite-Pod ausgerüstet werden. Mittlerweile wurden die italienischen Jets A-11A und TA-11A mit eigenen Upgrades zu A-11B und TA-11B aufgerüstet. Es ist jedoch geplant, die verbleibenden italienischen AMX bis Ende 2021 auszumustern.

AMX

Abmessungen	Länge 13,23 m Spannweite 8,87 m Höhe 4,55 m
Startgewicht max.	13.000 kg
Antrieb	1 x 49,1 kN (11.000 lb) Rolls-Royce-Spey-807-Turbofan
Höchstgeschwindigkeit	1.165 km/h
Aktionsradius	900 km
Dienstgipfelhöhe	13.500 m (44.291 ft)
Besatzung	1 Pilot
Bewaffnung	eine sechsläufige 20-mm-M61A1-Vulcan-Gatling-Kanone (Italien) oder zwei 30-mm-Kanonen (Brasilien), bis zu 3.800 kg Waffenbeladung und Kraftstofftanks an fünf Außenstationen

A-1AM

Dieser AMX der brasilianischen Luftwaffe wurde auf den A-1AM-Standard gebracht. Er ist bei der 1°/10° Grupo de Aviação auf der Basis Aérea de Santa Maria im Einsatz. Die modernisierten AMX fliegen bei zwei Staffeln. Sie können Rafael-RecceLite-Pods oder lasergesteuerte Elbit-Lizard-Bomben tragen, die ihre Zielzuweisung vom Rafael-Litening III-Pod bekommen.

McDonnell Douglas AV-8B Harrier II

Der legendäre Senkrechtstarter wurde in Großbritannien als Hawker Siddeley Harrier entwickelt. In den frühen 1960er-Jahren erstmals auf dem Markt, erweckte er bald das Interesse des US Marine Corps (USMC). Es beschaffte ab 1968 den AV-8A Harrier der 1. Generation.

Das USMC finanzierte die Entwicklung der stark verbesserten AV-8B Harrier II. Diese reifte vom Tagangriff-Basisflugzeug zur leistungsfähigeren Mehrzweck-Angriffsplattform, die mehr Waffenlast über viel größere Entfernungen tragen konnte. Das Flugzeug bekam einen neuen, größeren und superkritischen Flügel, hohe Anteile an Verbundwerkstoffen und ein komplett überarbeitetes Cockpit mit Hands on Throttle and Stick (HOTAS)-Steuerung. Die Harrier II machte am 9. November 1978 als YA-8B-Prototyp ihren Erstflug.

Das USMC beschaffte letztlich drei verschiedene Versionen der einsitzigen Harrier II. Auf das erste Grundmodell AV-8B folgte vom 167. Flugzeug an die Nachtangriffsversion der AV-8B mit Forward-Looking Infrared Sensor (FLIR), einem überarbeiteten Head-Up-Display und weiteren Cockpit-Verbesserungen. Leistungsfähigstes Senkrechtstarter dieses Typs ist die AV-8B Harrier II Plus mit Puls-Doppler-Radar Raytheon AN/APG-65 und Luft-Luft- sowie Luft-Boden-Betriebsarten. Diese Version wurde ab dem 205. Serienflugzeug zum Standard. Ältere Flugzeuge wurden auf diese Fähigkeiten nachgerüstet.

Die Harrier II löste beim US Marine Corps neben der AV-8A der 1. Generation auch das leichte Angriffsflugzeug A-4M ab. Laut USMC besteht das offizielle Missionsprofil der AV-8B darin, See- und Luftziele anzugreifen und zu zerstören, Hubschrauber zu eskortieren und gemäß Auftrag andere Lufteinsätze auszuführen. Die Marines erhielten zum Training auch die zweisitzige TAV-8B-Version.

Nach der Erprobung von vier Vorserien-AV-8B übernahm das USMC im Jahr 1983 sein erstes Exemplar. 286 Flugzeuge (einschließlich einer 1991 nach Operation Desert Storm beschafften Einsatzreserve) wurden insgesamt gebaut.

Exportkunden der Harrier II sind Italien und Spanien. Beide Staaten betreiben kleine Harrier-Flotten für ihre Flugzeugträger. Die spanische Marine flog zuvor die AV-8S der 1. Generation. Sie beschaffte anschließend die (dort als VA.2 Matador II bezeichnete) EAV-8B und den Trainer TAV-8B. Die italienische Marine beschaffte mit AV-8B und TAV-8B ihre ersten Senkrechtstarter. Beide Streitkräfte rüsteten ihre einsitzigen Jets auf den Harrier-II-Plus-Standard des USMC mit Radar auf. Italien beschafft die F-35B als Ersatz für seine Harrier, Spanien hat derzeit noch keinen direkten Nachfolger für seine Matador II geplant.

Die Harrier II des USMC führte im Jahr 1991 bei Operation Desert Storm ihre ersten Kampfeinsätze durch. Sie traf als erstes taktisches Kampfflugzeug der Marines im Einsatzgebiet ein und operierte von Feldflugplätzen nahe der Front. Andere Flugzeuge starteten von amphibischen Angriffsschiffen.

Die AV-8B-Flotte des Marine Corps war auf vielen Kriegsschauplätzen präsent. So diente sie bald nach Beginn der Operation Enduring Freedom über Afghanistan. Im November 2001 führten die Harriers dabei ihre ersten Missionen vom amphibischen Angriffsschiff USS Peleliu durch, anschließend auch von Landflugplätzen in Afghanistan. Noch während der

AV-8B Harrier II Plus
Das Flugzeug mit der Nummer 166287 ist eine AV-8B Radar Bird im April 2021 bei der Marine Attack Squadron 223 (VMA-223) Bulldogs. Diese Staffel soll die Jets als letzte Harrier-Einheit des US Marine Corps fliegen, bis im Geschäftsjahr 2028 der Wechsel zur F-35B erfolgt.

AV-8B HARRIER II PLUS

Abmessungen	Länge 14,55 m Spannweite 9,25 m Höhe 3,56 m
Startgewicht max.	9.415 kg (Senkrechtstart) 14.100 kg (rollender Start)
Antrieb	1 x 105,8 kN (23.784 lb) Rolls-Royce-Pegasus-F402-RR-408/Mk-107-Turbofan
Höchstgeschwindigkeit	1.019 km/h
Aktionsradius	556 km
Dienstgipfelhöhe	15.240 m (50.000 ft)
Besatzung	1 Pilot
Bewaffnung	eine fünfläufige 25-mm-GAU-12-Equalizer-Gatling-Kanone, bis zu 4.200 kg Außenlasten an sechs Stationen

Kampfhandlungen wurden die USMC-Harriers mit dem Litening II Targeting Pod aufgerüstet. Er arbeitet normalerweise mit lasergelenkten Bomben, diente hier aber auch zur Aufklärung und Überwachung bei Tag und Nacht.

Marine-Harriers waren auch an der US-geführten Invasion im Irak, Operation Iraqi Freedom, beteiligt. Sie begann im März 2003. Die Jets operierten zunächst von Stützpunkten in Kuwait und amphibischen Angriffsschiffen im nördlichen Arabischen Golf und dienten während der daran anschließenden langen Bekämpfung von Aufständen weiter über dem Irak. Im Jahr 2006 erfolgte ein wichtiges Upgrade für den Einsatz der GPS-gesteuerten Joint Direct Attack Munition (JDAM).

Im Jahr 2011 setzte das USMC seine Harriers über Libyen ein. Sie nahmen an Operation Odyssey Dawn gegen die Streitkräfte des libyschen Diktators Muammar al-Gaddafi teil und operierten dort vom amphibischen Angriffsschiff USS Kearsarge aus.

In jüngerer Zeit waren USMC Harriers an Operation Inherent Resolve beteiligt, dem Kampf gegen den sogenannten Islamischen Staat im Irak und in Syrien (ISIS). Für die Senkrechtstarter begann dieser Einsatz im Januar 2015 auf der USS Bonhomme Richard. Später wurden die Jets auch auf Stützpunkte in der Region verlegt, darunter die Shaikh Isa Air Base in Bahrain.

Das USMC verfügt derzeit über 124 Harriers II, darunter 74 Harrier-II-Plus-Versionen, 34 Night-Attack-Modelle und 16 TAV-8B-Trainer. Die Harrier II wird gegenwärtig durch die F-35B ersetzt, doch die kampferprobten AV-8B sollen noch bis 2028 im Einsatz bleiben.

AV-8B Harrier II Plus
Dies ist eine AV-8B Harrier II Plus der spanischen Marine, dort unter der Bezeichnung Matador II bekannt. Spanien erhielt 13 dieser Jets. Acht neue Flugzeuge wurden ab 1996 ausgeliefert, fünf aus vorhandenen EAV-8B aufgerüstet. Eines wurde wegen Alterung ausgesondert.

Fairchild Republic A-10 Thunderbolt II

Die überall als Warzenschwein (Warthog) bekannte A-10 ist ein einzigartiges Luftnahunterstützungsflugzeug. Es fliegt ausschließlich bei der US Air Force und wurde während des Kalten Krieges für die Panzerabwehr in Zentraleuropa entwickelt.

Seit der Einführung der A-10 versuchte die Air Force mehrfach vergebens, sie wieder aus dem Verkehr zu ziehen. Sie argumentierte, ihre Nischenrolle könnte auch von anderen Mustern ausgefüllt werden. Die Warthog hat sich aber bei vielen Einsätzen bewährt, von Desert Storm im Jahr 1991 bis hin zu Kampagnen in jüngerer Zeit über Afghanistan und im Nahen Osten. Die A-10 entstand aus dem AX-Programmwettbewerb für ein kostengünstiges Angriffsflugzeug aus dem Jahr 1967. Die YA-10A von Fairchild Republic, ein kompakter Entwurf mit zwei hoch am hinteren Rumpf angebrachten Triebwerken und Doppelleitwerk, gewann das Wettfliegen gegen einen Northrop-Rivalen. Das ganze Flugzeug war eigentlich um die riesige 30-mm-GAU-8/A-Avenger-Kanone herum gebaut. Die Installation der siebenläufigen Waffe erforderte die seitliche Versetzung des Bugfahrwerks. Weitere charakteristische Merkmale des Jets waren seine Kurzstart- und -landefähigkeit und eine Badewanne aus Titan zum Schutz des Piloten vor Bodenbeschuss.

A-10C Thunderbolt II

Das Flugzeug mit der Seriennummer 79-0086 ist ein Vertreter der aktuellen Warthogs mit A-10C-Standard. Es gehört zur 104th Fighter Squadron der Maryland Air National Guard. Die Einheit ist auf der Warfield Air National Guard Base stationiert und war am längsten von allen Air National Guard-Staffeln im Afghanistan-Einsatz.

A-10A Thunderbolt II

Das Flugzeug mit der Seriennummer 81-0979 und der klassischen Farbgebung der US Air Force gehörte zur 509th Tactical Fighter Squadron. Die Einheit flog bis zur Außerdienststellung im Dezember 1992 A-10 von RAF Alconbury (England). Dieses Flugzeug dient jetzt als A-10C bei der 25th Fighter Squadron.

A-10

Abmessungen	Länge 16,16 m Spannweite 17,42 m Höhe 4,42 m
Startgewicht max.	22.680 kg
Antrieb	2 x 40,3 kN (9.065 lb) General-Electric-TF34-GE-100-Turbofan
Höchstgeschwindigkeit	676 km/h
Aktionsradius	1.030 km
Dienstgipfelhöhe	13.636 m (45.000 ft)
Besatzung	1 Pilot
Bewaffnung	eine siebenläufige 30-mm-GAU-8/A-Gatling-Kanone, bis zu 7.200 kg Waffenbeladung an acht Unterflügelstationen und drei Stationen unter dem Rumpf

Der Prototyp YA-10A flog erstmals am 10. Mai 1972. Im Januar des folgenden Jahres wurde er zum Sieger des A-X-Wettbewerbs gekürt. Die ersten Lieferungen an die US Air Force begannen im Jahre 1979. Das Flugzeug war später auch im Vereinigten Königreich und in Südkorea stationiert.

Schon 1988 schlugen Führungskräfte der US Air Force vor, die A-10 durch eine für die Luftnahunterstützung aufgerüstete F-16 zu ersetzen. Die Einsatzleistung der A-10 im Irakkrieg von 1991 ließ jedoch viele Kritiker verstummen. Seither wurde das Flugzeug immer wieder von Bodenkommandeuren angefordert, speziell auf Kriegsschauplätzen überall auf der Welt.

Das jüngste Modell A-10C besitzt ein Cockpit mit zwei Multifunktions-Farbdisplays und ein Up-Front-Bedienfeld. Viele ältere Flugzeuge erhielten nach Jahrzehnten im Kampfeinsatz und hoher struktureller Beanspruchung neue Tragflächen.

Aero Vodochody L-159 ALCA

Die L-159 ALCA geht auf den äußerst erfolgreichen L-39 Albatros Advanced Jet Trainer der 1960er-Jahre zurück, das Standard-Schulflugzeug vieler Warschauer-Pakt-Staaten und derer Verbündeten.

Das in den frühen 1990er-Jahren entwickelte Unterschallflugzeug Advanced Light Combat Aircraft (ALCA) ist für Kampfeinsätze optimiert und existiert als Einsitzer L-159A und Doppelsitzer L-159B. Anfangs sollte es die alternde MiG-21-Flotte der tschechischen Luftwaffe ersetzen. ALCA verfügte über das US-Triebwerk Honeywell F124 und NATO-Standard-Avionik auf der Basis des italienischen Grifo-Multimode-Radars.

Die zweisitzige L-159 machte am 2. August 1997 ihren Erstflug. Tschechien orderte 72 Exemplare, von denen allerdings später nur 24 in Dienst gestellt wurden. Einige der Jets gingen in den Export. Die tschechische Luftwaffe beschloss den Umbau von sechs einsitzigen L-159A zu L159T1-Doppelsitzern, um den zusätzlichen Schulungsbedarf abdecken zu können.

Der erste Exportkunde für ALCA war Draken International, eine US-Firma für Aggressor-Luftzieldarstellung. Sie nutzte die tschechischen Jets in den USA und bei Verbündeten zur Fortgeschrittenen-Simulation von gegnerischen Angreifern und Luft-Luft-Raketen.

Im Jahr 2015 orderte der Irak ebenfalls ALCA-Flugzeuge mit einem Vertrag über 15 Exemplare, die als L-159A und L-159T-Varianten geliefert wurden. Sie nahmen noch im selben Jahr an beachtlichen Kampfhandlungen gegen ISIS-Kämpfer im Land teil. Die ohne Radar gelieferten tschechischen L-159T1 werden derzeit auf einen kampffähigen L159T+-Standard mit Grifo-Radar, Radarwarnempfängern und Chaff-Flare-Werfern aufgerüstet.

L-159A

Abmessungen	Länge 12,73 m Spannweite 9,54 m Höhe 4,78 m
Startgewicht max.	8.000 kg
Antrieb	1 x 28,2 kN (6.300 lb) Honeywell/ITEC-F124-GA-100-Turbofan
Höchstgeschwindigkeit	936 km/h
Aktionsradius	1.570 km
Dienstgipfelhöhe	13.200 m (43.307 ft)
Besatzung	1 Pilot
Bewaffnung	sieben Außenstationen unter den Flügeln und dem Rumpf mit bis zu 2.340 kg Tragkapazität für eine große Auswahl von Waffen wie den 20-mm-Kanonenbehälter, Bomben, Raketen und AIM-9-Sidewinder-Luft-Luft-Raketen

L-159 ALCA

Die 21. Taktische Luftwaffenbasis (Základna taktického letectva) in Čáslav. Nach Abgabe, Umbauten auf zweisitzige Standardflugzeuge und Abnutzung betreibt die tschechische Luftwaffe heute nur noch 16 L-159A-Flugzeuge. Weitere sind eingelagert.

Suchoi Su-24 

Die Su-24 begann ihre Karriere Anfang der 1960er-Jahre als Entwurf eines taktischen Langstreckenbombers. Er sollte in der Lage sein, wichtige Ziele hinter der Front mit nuklearen und konventionellen Waffen zu bekämpfen.

Das Flugzeug besitzt Schwenkflügel zur Erweiterung des Leistungsspektrums bei hohen Geschwindigkeiten und im langsamen Anflug mit kurzen Start- und Landestrecken. Pilot und Navigator/Waffensystemoffizier sitzen Seite an Seite unter separaten Kabinendächern.

Für seine Haupteinsatzrolle besitzt das Kampfflugzeug Su-24M Fencer-D ein Tiger-Navigations- und -Zielsystem mit Luft-Boden-Radar und Laser/TV-Tageslicht-Zielmarkierer. Das Flugzeug kann einen Radarhoming- und Warn-Pod zur Zielmarkierung von Antiradar-Lenkflugkörpern tragen, alternativ einen Datalink-Pod für TV-gesteuerte Flugkörper. Für den Tiefflug steht ein Terrain-Following-Radar zur Verfügung. Das umfangreiche Selbstschutzsystem umfasst Radarwarnempfänger, Infrarotraketen-Anflugwarnsensoren, aktive Radarstörsender und Chaff/Flare-Werfer.

Der erste Fencer-Prototyp T-6-1 machte am 2. Juli 1967 seinen Jungfernflug. Er besaß konventionelle Doppeldelta-Tragflächen und trug zur Verkürzung der Startstrecke vier Hubtriebwerke im Rumpf. Im Jahr 1970 erschien er mit Schwenkflügeln und wurde fünf Jahre später von den sowjetischen Streitkräften in Dienst gestellt. Das aktuelle Standard-Interdiction-Flugzeug ist die ab 1979 gebaute Su-24M Fencer-D. Sie kann neue, präzisionsgelenkte Waffen einsetzen und in der Luft betankt werden. Sie wurde auch in der Aufklärungsversion Su-24MR Fencer-E entwickelt. Bis zum Produktionsende im Jahre 1992 wurden mehr als 1.300 Fencer aller Varianten fertiggestellt. Das Flugzeug steht trotz Einführung der Su-34 Fullback bis heute im russischen Einsatz.

Neben ehemals sowjetischen Exemplaren in früheren UdSSR-Staaten existierte auch eine spezielle von Algerien, Iran, Irak, Libyen und Syrien beschaffte Su-24MK-Exportversion. Ältere russische Fencer-D wurden modernisiert und mit Navigations- und Präzisionsangriffsfähigkeiten aktueller Avionik ausgestattet. Russland setzte Su-24M mit solchen Upgrades ausgiebig im syrischen Bürgerkrieg ein.

Su-24M2

Das Flugzeug mit dem Kennzeichen RF-95108 77 dient im 277. Bombenfliegerregiment. Es gehört zur kleinen Zahl von Fencern mit dem Su-24M2-Standard und feuert hier eine lasergelenkte Luft-Boden-Rakete Kh-25ML (AS-10 Karen) ab.

SU-24M2

Abmessungen	Länge 24,53 m Spannweite 17,63 m ausgeschwenkt 10,36 m eingeschwenkt Höhe 6,19 m
Startgewicht max.	39.700 kg
Antrieb	2 x 109,9 kN (24.706 lb) NPO-Saturn-AL-21F-3A-Turbofan mit Nachbrenner
Höchstgeschwindigkeit	2.317 km/h
Aktionsradius	1.050 km
Dienstgipfelhöhe	17.500 m (57.415 ft)
Besatzung	1 Pilot, 1 Waffensystemoffizier
Bewaffnung	eine 23-mm-GSch-6-23M-Kanone, bis zu 8.000 kg Waffenzuladung an acht Außenstationen

Suchoi Su-25

Die im Westen als Frogfoot bekannte Su-25 wurde in den letzten Jahren des Kalten Krieges gezielt als Unterschall-Luftnahunterstützungsflugzeug entwickelt. Es besitzt eine starke Panzerung für den Piloten und wichtige Bordsysteme.

Su-25UB
Die peruanische Luftwaffe beschaffte Mitte der 1990er-Jahre zehn einsitzige Su-25 und acht zweisitzige Su-25B aus belarussischen Beständen. Zehn davon erhielten ein Upgrade. Das Flugzeug mit der Seriennummer FAP 087 trägt die Anti-Strahlungs-Lenkwaffe Kh-58 (AS-11 Kilter) mit dem dazu erforderlichen Fantasmagoria-Datalink-Pod am Rumpf.

Ende der 1960er-Jahre begannen die Arbeiten an der späteren Su-25. Der Prototyp T-8-1 machte am 22. Februar 1975 seinen Erstflug. Zwei Flugzeuge wurden zu Testzwecken nach Afghanistan verlegt, und frühe Serienmaschinen waren dort während des sowjetischen Feldzuges ausgiebig im Einsatz. Die Grundausstattung der Su-25 bietet ein einfaches Visier und einen Klyon-PS-Laserentfernungsmesser. Rund 1.320 Su-25 wurden gebaut, die Einsitzer in Tiflis (Georgien) und die zweisitzigen Su-25UB in Ulan-Ude (Russland).

Die Frogfoot steht weiterhin in russischen Diensten. Alle Flugzeuge wurden mittlerweile mit neuer Avionik auf den Su-25SM-Standard gebracht. Er bietet eine höhere Zielgenauigkeit bei Luft-Boden-Einsätzen und umfasst die Trägheits- und Satellitennavigationssysteme sowie ein Head-up-Display. Die Su-25SM bietet zudem eine verbesserte Selbstschutzausrüstung mit Pastel-Radarwarnempfängern.

Viele Su-25 flogen auch bei anderen postsowjetischen Betreibern oder wurden in die ganze Welt exportiert. Die meisten dienten zur Bekämpfung von Aufständen. Andere, in kleineren Stückzahlen gebaute Varianten der Frogfoot sind der Zielschlepper Su-25BM und der bordgestützte Trainer Su-25UTG, ein Schulflugzeug für den russischen Flugzeugträger Admiral Kusnezow. Weniger erfolgreich verlief die Entwicklung einer speziellen Panzerabwehrvariante. Aus ihr gingen später Su-25T und Su-25TM mit verbesserten Navigations-und Angriffssystemen, elektrooptischem Visier und Vorrichtungen für Panzerabwehr-Lenkflugkörper hervor.

SU-25

Abmessungen	Länge 15,36 m Spannweite 14,36 m Höhe 5,20 m
Startgewicht max.	17.800 kg
Antrieb	2 x 40,21 kN (9.039 lb) Soyuz/ Moscow-R-95Sh-Turbojet
Höchstgeschwindigkeit	975 km/h
Aktionsradius	750 km
Dienstgipfelhöhe	7.000 m (22.966 ft)
Besatzung	1 Pilot
Bewaffnung	eine 30-mm-GSh-2-30-Kanone plus max. 4.340 kg Waffenzuladung an zehn Außenlaststationen

Su-25
Diese Su-25 Frogfoot-A der russischen Luftwaffe wurde erstmals im Herbst 1999 nach Mozdok (Nordossetien) entsandt, um an Kampfhandlungen über Tschetschenien teilzunehmen. 27 Red ist mit einem B-13-Raketenbehälter für fünf 122-mm-S-13-Geschosse bewaffnet.

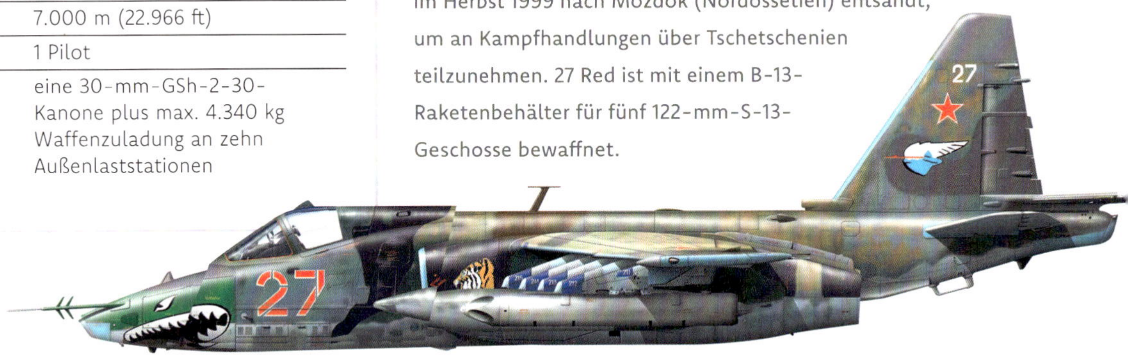

Suchoi Su-34

Der Langstrecken-Abfangjäger Su-34 wurde aus dem Abfangjäger Su-27 entwickelt und sollte den Schwenkflügler Su-24 an der Spitze der taktischen Bomberstreitkräfte Russlands ablösen.

Die Su-34 besitzt den Rumpf der Su-27 mit neuer Schnabeltier-Cockpitsektion und nebeneinander angeordneten Sitzen für zwei Besatzungsmitglieder. Zu ihren Merkmalen zählen die Canardflügel und ein verlängerter Heckstachel. Die Arbeiten an der späteren Su-34 (westlicher Codename: Fullback) begannen Ende der 1970er-Jahre, doch der Erstflug des Su-27IB-Prototyps (Istrebitel-Bombardirowschik, Jagdbomber) fand erst am 13. April 1990 statt.

1994 erhielt das Flugzeug die Bezeichnung Su-34. Zu diesem Zeitpunkt lief in Nowosibirsk die Produktion für die russische Luftwaffe an. Im Vergleich zum ersten Prototypen besaß das Serienflugzeug ein deutlich kräftigeres Fahrwerk mit Zwillingsrädern an allen drei Streben. Die Einsatzerprobung zog sich länger hin, weshalb die Su-34 erst 2014, nach den Erfahrungen bei russischen Einsätzen in Tschetschenien und Georgien, offiziell in Dienst gestellt wurde. In jüngerer Zeit spielten in Syrien stationierte russische Su-34 im Auftrag lokaler, regierungsnaher Kräfte eine bedeutende Rolle im Bürgerkrieg.

Die Einsatzavionik basiert auf dem Ziel- und Navigationssystem K-102. Das Passive Electronically Scanned Radar V004 kann vier Landziele gleichzeitig angreifen. Der Datenzugriff erfolgt über ein Head-up-Display und fünf Multifunktionsdisplays. Ein Laser- und TV-Visier unter dem Rumpf dient zur präzisen Führung einer Vielzahl von Waffen. Das Flugzeug verfügt über das umfassende Selbstschutzsystem Khibiny. Es kann gegnerisches, feindliches Radar auffassen, lokalisieren und mit elektronischen Gegenmaßnahmen stören.

Die Su-34 war zunächst als taktischer Interdictor entworfen und wurde später für die Aufklärungsrolle weiterentwickelt. Dazu kann sie verschiedene externe Pods tragen, darunter ein Seitensichtradar (SLAR).

SU-34

Abmessungen	Länge 24,80 m Spannweite 14,70 m Höhe 6,08 m
Startgewicht max.	44.360 kg
Antrieb	2 x 137,2 kN (30.843 lb) Saturn-AL-35F-Turbofan mit Nachbrenner
Höchstgeschwindigkeit	2.200 km/h
Aktionsradius	1.100 km
Dienstgipfelhöhe	14.400 m (47.224 ft)
Besatzung	1 Pilot, 1 Waffensystemoffizier
Bewaffnung	eine 30-mm-GSch-301-Bordkanone, bis zu 8.000 kg Außenlasten an 12 Trägern, darunter Kh-59M (AS-18 „Kazoo") TV-gesteuerte Raketen, Kh-31P-Antiradar- und Kh-31A-Seezielraketen (AS-17 „Krypton"), TV- oder lasergesteuerte Kh-29T/L (AS-14 „Kedge") Luft-Boden-Raketen, KAB-500- und KAB-1500-Lenkbomben

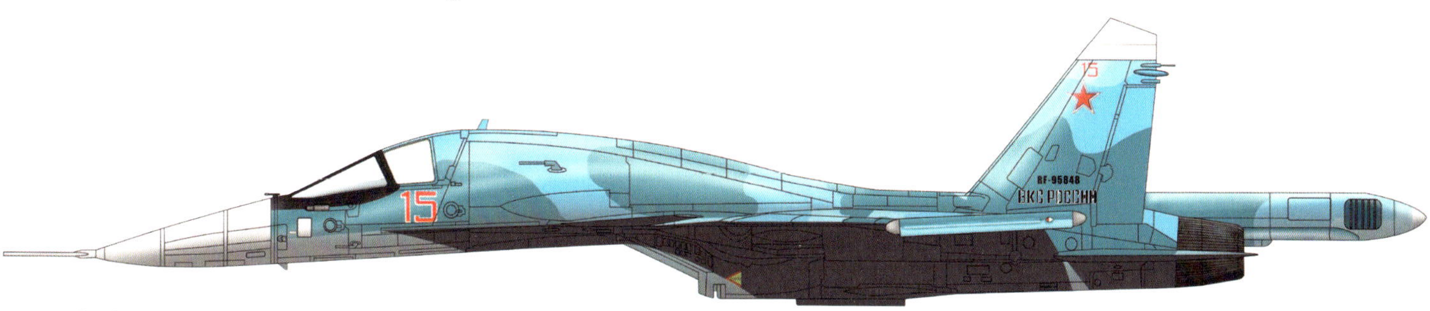

Su-34

Eine Su-34 der russischen Luft- und Weltraumkräfte, 15 Red, im August 2019. Der Fullback war an diversen Kampfhandlungen beteiligt, beginnend mit Aktionen über Tschetschenien in den frühen 2000er-Jahren. Seither kämpfte die Su- 34 bei Offensivoperationen über Georgien (2008) und vor allem über Syrien, wo sie seit 2015 stationiert ist.

Xi'an JH-7

Die JH-7 (westliche Bezeichnung: Flounder) ist ein taktisches, zweistrahliges Überschall-Angriffsflugzeug der chinesischen Luft- und Seeluftstreitkräfte. Ihre Entwicklung begann Mitte der 1970er-Jahre und wurde anfangs durch die unterschiedlichen Anforderungen von Luftwaffe und Marine verzögert. Erst um 1983 war der Entwurf fertig.

JH-7A

Diese JH-7A mit der Seriennummer 73270 dient bei der 126. Luftbrigade der Volksbefreiungsarmee, einem Bestandteil des südlichen Militärkommandos. Sie ist auf der Nanning Base in Liuzhou stationiert. Die Errichtung der Basis war Teil einer umfassenden Neustrukturierung der PLAAF, die einige frühere Militärregionen mit gemeinsamen Kommandos ersetzte.

JH-7

Abmessungen	Länge 22,32 m Spannweite 12,80 m Höhe 6,22 m
Startgewicht max.	28.475 kg
Antrieb	2 x 91,3 kN (20.520 lb) WS-9-Turbofan mit Nachbrenner
Höchstgeschwindigkeit	1.808 km/h
Aktionsradius	1.760 km
Dienstgipfelhöhe	16.000 m (52.000 ft)
Besatzung	1 Pilot, 1 Waffensystemoffizier
Bewaffnung	eine 23-mm-GSch-23-Zwillingskanone, bis zu 9.000 kg Außenlasten an neun Stationen

Das Flugzeug verfügt über WS-9-Turbofan-Triebwerke, Lizenzbauten des Rolls-Royce Spey. Der Prototyp machte im Dezember 1988 den Erstflug. Die Luftwaffe der Volksbefreiungsarmee (PLAAF) verlor inzwischen das Interesse an der JH-7 und bestellte stattdessen russische Suchoi Su-27, später auch mehrzweckfähige Su-30MKKs.

Probleme mit dem Multifunktionsradar des Typs 232H des JH-7 verzögerten das Programm weiter, so dass die Flounder erst 1992 in Dienst gestellt wurde. Die komplette erste Produktionscharge ging an die Marineflieger der Volksbefreiungsarmee (PLANAF). Nachfolgende Flugzeuge erhielten ein verbessertes JL-10A-Multimode-Radar, das anschließend auch die älteren Maschinen bekamen.

Im Juli 2002 erschien eine stark verbesserte JH-7A-Version. Sie verfügt über neu gestaltete Tragflächen, eine einteilige Windschutzscheibe, zusätzliche Waffenträger und zwei Flossen unter dem hinteren Rumpf. Diese Version bot vor allem neue Avionik und ein überarbeitetes Cockpit. Die Verbesserungen erregten die Aufmerksamkeit der PLAAF. Etwa 140 Serienflugzeuge wurde auf Luftwaffe und Marine verteilt und Mitte 2004 in Dienst gestellt.

Zu den vielfältigen Waffenoptionen gehören YJ-83K/KH-Anti-Schiffs-Raketen, KD-88/KD-88A TV/infrarotgelenkte Luft-Boden-Raketen und YJ-91 Anti-Strahlungs-Raketen. Die JH-7A dient auch als Flugzeug für elektronische Kampfführung und kann externe Störsender-Pods tragen.

TA-50 Golden Eagle

Die T-50-Familie von Korea Aerospace Industries (KAI) umfasst Überschall-Fortgeschrittenentrainer, Kampftrainer und leichte Kampfflugzeuge. Die Flugzeuge haben eine gewisse Ähnlichkeit mit der F-16, da Lockheed Martin an der Entwicklung des südkoreanischen Jets beteiligt war.

Die T-50 Golden Eagle machte am 20. August 2002 ihren Erstflug. Sie ist ein Mach-1,2-Trainer für Fortgeschrittene mit kampfflugzeugähnlichen Eigenschaften und einem modernen Glascockpit mit zwei Multifunktionsdisplays. Das unbewaffnete Flugzeug entspricht Südkoreas Anforderungen für die Fortgeschrittenenausbildung. Die Beschaffung umfasst 50 T-50 und weitere zehn speziell für das Kunstflugteam Black Eagles gebaute Jets. Das Grundmodell wird weiterentwickelt und erhält sukzessiv anspruchsvollere Einsatzfähigkeiten.

Als Lead-In Fighter Trainer (LIFT) verfügt die TA-50 über ein israelisches Elta-EL/M-2032-Feuerleitradar, Waffeneinsatzsoftware, eine interne Kanone und Außenträger für eine Reihe von Waffen. Südkorea beschaffte diese Variante für das Taktik- und Waffentraining, Exportkunden wählten andere Versionen für Kampfaufgaben. 22 TA-50 gingen an die Luftwaffe der Republik Korea (ROKAF), 16 an Indonesien, 24 an den Irak, je zwölf an die Philippinen und Thailand.

Der TA-50 sehr ähnlich ist die FA-50, eine leichte Kampfversion mit zusätzlichem Treibstoffvorrat, verbessertem Radar, neuen Systemen für die Elektronische Kampfführung, Link 16 Tactical Datalink und mehr Einsatzmöglichkeiten. An präzisionsgelenkten Waffen stehen die Luft-Boden-Rakete AGM-65 Maverick und die Joint Direct Attack Munition (JDAM) GBU-38/B zur Verfügung. Meldungen zufolge bestellte Südkorea 60 FA-50. Sie lösen derzeit einen Teil der alternden F-5E/F Tiger II ab.

TA-50

Abmessungen	Länge 13,14 m Spannweite 9,45 m Höhe 4,94 m
Startgewicht max.	12.300 kg
Antrieb	2 x 78,7 kN (17.700 lb) General-Electric-F404-Turbofan mit Nachbrenner
Höchstgeschwindigkeit	1.837 km/h
Aktionsradius	1.850 km
Dienstgipfelhöhe	14.630 m (48.000 ft)
Besatzung	2 Piloten
Bewaffnung	eine dreiläufige Ausführung der 20-mm-M61-Vulcan-Gatlin-Kanone, eine große Auswahl von Waffen wie Bomben, ungelenkte und gelenkte Raketen an fünf Außenstationen und zwei Raketenschienen an den Flügelspitzen

T-50i

Die indonesische Luftwaffe beschaffte 16 T-50i-Jets und stellte die erste im September 2013 in Dienst. Trotz der Bezeichnung T-50-Trainer sind alle 16 indonesischen Exemplare voll kampffähig und damit gleichwertig mit der TA-50. Die Jets gehören zur Skadron Udara 15 auf dem Stützpunkt Iswahyudi.

A400M

TRANSPORT- UND FRÜHWARNFLUGZEUGE

Dieses Kapitel behandelt neben den Transportflugzeugen auch eine Reihe von Aufklärern, die die Kampfeinsatzkommandos zeitgerecht mit Informationen versorgen. Solche Airborne Early Warning and Control (AEW&C)-Flugzeuge basieren normalerweise auf Transportflugzeugen. Sie erhielten neben dem Radar immer ausgefeiltere Sensoren zur Überwachung von Gefechten in der Luft, am Boden und auf See.

DIESES KAPITEL BEHANDELT FOLGENDE FLUGZEUGE:

- Airbus C295
- Airbus A400M Atlas
- Leonardo C-27J Spartan
- Saab Erieye
- Lockheed Martin C-130J Hercules
- Embraer C-390 Millennium
- Boeing C-17 Globemaster III
- Boeing 737 AEW&C
- Northrop Grumman E-2D Advanced Hawkeye
- Berijew A-50 und KJ-2000
- Mitsubishi C-2
- Shaanxi Y-9
- Xi'an Y-20

Ein viermotoriger Airbus A400M Atlas-Transporter auf RAF Fairford (Gloucestershire) im Vereinigten Königreich.

Airbus C295

Die C295 ist einer der weltweit verbreitetsten, neuen taktischen Transporter der leichten bis mittleren Kategorie. Er wurde zunächst bei Construcciones Aeronáuticas SA (CASA) hergestellt und ist jetzt ein Airbus-Produkt. Das Flugzeug wird weiterhin in Spanien gebaut.

Im Jahr 2021 lagen über 200 Bestellungen für die C295 vor, mehr als 30 Länder beschafften das Flugzeug. Ein Grund für diesen Erfolg ist ihre Vielseitigkeit, die ihr über den taktischen Transport hinaus eine breite Palette von Einsatzrollen ermöglicht: Nachrichtenbeschaffung, Überwachung und Aufklärung, luftgestützte Frühwarnung und Luftraumüberwachung, die Gunship-Rolle und Seeraumüberwachung. Für Einsätze in stark umkämpften Gebieten stehen unterschiedliche Selbstverteidigungsmittel zur Verfügung. Zur Seeraumüberwachung und für andere, anspruchsvolle Aufgaben kann das Fully Integrated Tactical System (FITS) eingerüstet werden. Es verbindet und steuert verschiedene Einsatzsensoren und bringt ihre Daten zur Anzeige.

Eine C295 der türkischen Luftwaffe bei der Sivrihisar-SHG-Airshow 2020 in der Türkei.

Die neueste C295W-Version hat Winglets. Sie verbessern die Flugleistungen und erlauben den Transport von noch mehr Nutzlast auch unter heißen und hohen Umgebungsbedingungen und über eine längere Distanz. Das Flugzeug wurde von Anfang für Kurzstart- und Landefähigkeit (STOL) konzipiert. Es kann von unbefestigten, nur 670 Meter kurzen Landebahnen operieren.

Zu den jüngsten Varianten der C295 gehört das Tankflugzeug C295W. Es demonstrierte im Jahr 2016 erstmals seine Fähigkeiten bei mehreren Betankungsvorgängen mit einer Standard-C295 der spanischen Luftwaffe und einem H225M Caracal-Hubschrauber. Alle Versionen der C295 verfügen über ein Glascockpit mit digitaler Avionik und vier Flüssigkristallanzeigen, die mit Nachtsichtbrillen kompatibel sind.

C295

Abmessungen	Länge 24,50 m Spannweite 25,81 m Höhe 8,66 m
Startgewicht max.	21.000 kg
Antrieb	2 x 2.644 PS (1.972 kW) Pratt-&-Whitney-Canada-PW127G-Turboprop
Höchstgeschwindigkeit	550 km/h
Reichweite	1.350 km bei max. Zuladung
Dienstgipfelhöhe	7.620 m (25.000 ft)
Besatzung	2 Piloten, 1 Lademeister
Kapazität	73 Soldaten, 48 Fallschirmjäger, 12 Patienten auf Tragen oder 7.050kg Fracht

C295
Die C295 gehört zu den relativ wenigen westlichen Flugzeugen der vietnamesischen Volksluftwaffe. Airbus gab im Juni 2014 den Abschluss eines Vertrags über drei C295 bekannt. Das erste Exemplar wurde noch vor Ende des Jahres an die VPAF übergeben.

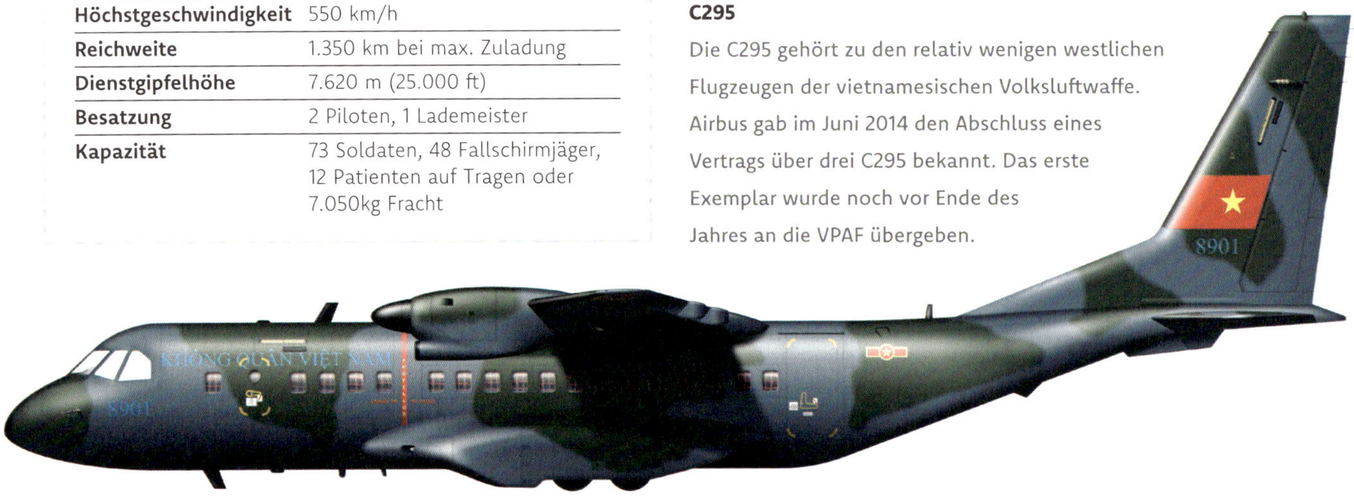

Airbus A400M Atlas

Das multinationale A400M-Atlas-Programm wurde 2003 ins Leben gerufen, um ein neues Transportflugzeug für sieben europäische Nationen zu erschaffen: Belgien, Frankreich, Deutschland, Luxemburg, Spanien, die Türkei und das Vereinigte Königreich.

A400M

Deutschland plante anfangs die Beschaffung von 75 A400M, reduzierte die Zahl aber später auf 60 und zuletzt 53 Flugzeuge. Zeitweilig wollte Berlin 13 seiner bestellten Flugzeuge weiterverkaufen. Dieses Vorhaben wurde wieder aufgegeben, und alle 53 A400M werden an den Luftwaffen-Fliegerhorsten Wunstorf und Lechfeld im Einsatz stehen. Dieses Flugzeug gehört zur ersten A400M-Einheit der Luftwaffe, dem Lufttransportgeschwader 62 in Wunstorf. Es erhielt im Dezember 2014 seinen ersten neuen Transporter.

Später schloss sich auch Malaysia dem Programm an. Die Endmontage der A400M findet in Spanien statt. Die Tragflächen entstehen in Großbritannien, der Rumpf wird in Deutschland hergestellt.

Die A400M war von Anfang an als taktischer und strategischer Militärtransporter mit Luftbetankungsfähigkeit konzipiert. Sie verfügt dementsprechend über die Reichweite und das Ladevolumen eines strategischen Lufttransporters, kann aber auch von kurzen, unbefestigten Landebahnen an entlegenen Standorten operieren. So können beispielsweise 25.000 Kilogramm Fracht auf einer knapp 750 Meter langen, unbefestigten Bahn abgesetzt und dabei Kraftstoffreserven für einen 930 Kilometer langen Hin- und Rückflug mitgeführt werden. Die A400M machte am 11. Dezember 2009 ihren Erstflug. Das erste Serienflugzeug wurde im August 2013 an die französische Luftwaffe ausgeliefert und im folgenden Jahr in Dienst gestellt.

Zu den übergroßen Frachtstücken der A400M gehören der Hubschrauber CH-47 Chinook und schwere Infanterie-Kampffahrzeuge. Das Flugzeug kann auch für Fallschirmjäger umgerüstet werden und bei einem einzigen Einsatz 116 Personen absetzen, die je zur Hälfte aus einer der beiden seitlichen Rumpftüren springen. Optionale Unterflügel-Kraftstoffbehälter ermöglichen die gleichzeitige Betankung von zwei Flächenflugzeugen oder Hubschraubern.

A400M ATLAS

Abmessungen	Länge 45,10 m Spannweite 42,40 m Höhe 14,70 m
Startgewicht max.	141.000 kg
Antrieb	4 x 11.000 PS (8.200 kW) Europrop-TP400-D6-Turboprop
Höchstgeschwindigkeit	700 km/h
Reichweite	3.300 km bei max. Zuladung
Dienstgipfelhöhe	11.275 m (36.991 ft)
Besatzung	2 Piloten, 1 Lademeister
Kapazität	116 Kampftruppen der Fallschirmjäger, 66 Patienten auf Tragen oder entsprechende Frachtbeladung

Eine Royal Air Force A400M Atlas beim Start. Die RAF betreibt derzeit 20 A400M.

Leonardo C-27J Spartan

Die C-27J steht bei 16 Betreibern im Einsatz. Sie ist eine gründlich modernisierte Version des Aeritalia G.222-Transporters aus den 1970er-Jahren, der für Kurzstarts und -landungen von unbefestigten Pisten ausgelegt war.

Die C-27J unterscheidet sich von ihrem Vorgänger vor allem durch die neuen Rolls-Royce-AE-2100-Motoren mit Sechsblattpropellern und digitaler Avionik. Das neue Flugzeug bietet eine um 35 Prozent höhere Reichweite und eine um 15 Prozent höhere Reisegeschwindigkeit als die G.222. Sie ist vorwiegend für taktische Lufttransportmissionen ausgelegt und soll Truppen und Fracht zu den Einsatzorten schaffen, lässt sich aber auch schnell für andere Aufgaben wie medizinische Evakuierungsflüge umrüsten. Dank verschiedener Roll-on-/Roll-off-Kits kann das Flugzeug für Feuerbekämpfung, nachrichtendienstliche Zwecke, Überwachungs- und Aufklärungseinsätze (ISR), Seeraumüberwachung oder Gunship-Einsätze umgerüstet werden. Der Prototyp machte am 24. September 1999 seinen Erstflug.

Nach Angaben des Herstellers bietet die C-27J den größten Laderaum und die beste Sink- und Steigrate ihrer Klasse, dazu ein Glascockpit mit fünf farbigen Multifunktionsdisplays, Radar und umfassender Kommunikationsausrüstung zur Reduzierung der Arbeitsbelastung. Für Einsätze in Kampfgebieten ist eine Selbstschutzausrüstung erhältlich. Weitere Optionen umfassen Head-up-Displays und eine Luft-Luft-Betankungssonde.

Für anspruchsvollere Aufgaben kann die C-27J eine noch umfangreichere Einsatzausrüstung bekommen. Sie umfasst je nach Bedarf ein Active Electronically Scanned Array (AESA)-Suchradar, ein stabilisiertes elektrooptisches/infrarotes Sensorsystem, elektronische Unterstützungsmaßnahmen zur Luftraumüberwachung und Nachrichtengewinnung sowie ein Magnetometer (Magnetic Anomaly Detector MAD).

C-27J SPARTAN

Abmessungen	Länge 22,70 m Spannweite 28,70 m Höhe 9,64 m
Startgewicht max.	30.500 kg
Antrieb	2 x 4.637 PS (3.458 kW) Rolls-Royce-AE2100-D2A-Turboprop
Höchstgeschwindigkeit	602 km/h
Reichweite	1.852 km bei max. Zuladung
Dienstgipfelhöhe	9.144 m (30.000 ft)
Besatzung	2 Piloten, 1 Lademeister
Kapazität	60 Soldaten, 46 Fallschirmjäger, 36 Patienten auf Tragen oder entsprechende Frachtbeladung

C-27J Spartan
Die No. 35 Squadron der Royal Australian Air Force betreibt zehn C-27J, darunter die Seriennummer A34-005. Die erste über das US-Programm für Auslandsverkäufe beschaffte australische C-27J machte im Dezember 2013 im Werk von Alenia Aermacchi in Turin den Erstflug und ging anschließend zur Ausrüstung an L-3 in Waco (Texas). Im November 2014 wurde sie dort zur Ausbildung der ersten Besatzungen an die RAAF übergeben. Im Juni 2015 erfolgte die Lieferung der C-27J nach Australien.

Saab 2000 Erieye

Schweden verfügt über eine lange Erfahrung in der Entwicklung von luftgestützten Frühwarnungs- und -überwachungssystemen. Die neueste Einsatzausrüstung basiert auf dem weitverbreiteten Erieye-System von Saab, das seinerzeit nach Spezifikationen der schwedischen Luftwaffe von Ericsson entwickelt wurde.

Erieye ist ein Active Electronically Scanned Array (AESA)-Radar, das kompakt genug für ein Geschäftsflugzeug ist. Es wurde Mitte der 1980er-Jahre getestet und dann von der schwedischen Luftwaffe an Bord der Saab 340B Twin Turboprop eingeführt, die in Schweden die Bezeichnung S100 Argus trägt.

Das Erieye-Radar wurde anschließend für den Twin Turboprop Saab 2000 und den Regionaljet Embraer EMB-145 modifiziert. Erieye-Varianten gingen an die Exportkunden Brasilien (EMB-145), Griechenland (EMB-145), Mexiko (EMB-145), Pakistan (Saab 2000), Thailand (Saab 340) und die Vereinigten Arabische Emirate (Saab 340).

Das Erieye ist mehrzweckfähig und erlaubt Luft- und Seeüberwachung über ein Gebiet von mehr als 500.000 Quadratkilometer horizontal und 60.000 Fuß (18.288 Meter) vertikal. Ziele reichen von Kampfflugzeugen bis zu Hubschraubern, Marschflugkörpern und Überwasserkontakten in der Größe von Jetskis.

Die neueste Ausgabe ist das Erieye ER (Extended Range) und dient als Basis der Frühwarn-Multisensorplattform der Saab GlobalEye. Diese Variante der Bombardier Global 6000/6500 besitzt neben dem AESA-Radar unter Saabs bekannter Schwebebalken-Verkleidung über dem Rumpf weitere Sensoren für die Seeraumüberwachung. Dazu zählen ein elektrooptisches System und ein Inverse Synthetic Aperture Radar (ISAR) sowie ein automatisches Identifikationssystem (AIS). Erstkunde für GlobalEye sind die Vereinigten Arabischen Emirate, die drei Exemplare bestellt haben.

2000 ERIEYE

Abmessungen	Länge 20,57 m Spannweite 21,44 m Höhe 6,97 m
Startgewicht max.	13.155 kg
Antrieb	2 x 1.870 PS (1.390 kW) General-Electric-CT7-9B-Turbofan
Höchstgeschwindigkeit	530 km/h
Reichweite	2.850 km
Dienstgipfelhöhe	7.620 m (25.000 ft)
Besatzung	2 Piloten, 4 Einsatzoffiziere
Kapazität	–

Saab 2000 Erieye

Die pakistanische Luftwaffe sollte zunächst fünf Saab 2000 Erieye AEW&C-Flugzeuge erhalten, diese Zahl wurde später auf vier reduziert. Die ersten beiden Flugzeuge wurden im Dezember 2009 und April 2010 ausgeliefert. Eines musste repariert werden, nachdem es im August 2012 bei einem Anschlag auf die Basis Minhas von militanten Kräften beschädigt worden war. Pakistan erwarb inzwischen drei weitere Erieye-Radare zur Ausrüstung seiner Saab-2000-Frachter.

Lockheed Martin C-130J Hercules

Die Hercules wird länger produziert als jedes andere Militärflugzeug und ist unter den westlichen Transportflugzeugen noch immer erste Wahl. Die US Air Force und viele Exportunternehmen betreiben das Flugzeug in einer Vielzahl von Ausführungen. Die neueste Variante C-130J setzt die beeindruckende Geschichte fort.

Das Erstmodell C-130A der US Air Force entstand ab 1953 im heutigen Lockheed-Martin-Werk in Marietta (Georgia). Seitdem gingen mehr als 2.500 Flugzeuge aller Varianten in über 60 Länder. Die alten Hercules-Versionen sind auf der ganzen Welt noch immer im Einsatz. Das aktuelle Modell, Super Hercules oder C-130J der nächsten Generation, beruht auf einer Eigenentwicklung der frühen 1990er-Jahre.

C-130J

Abmessungen	Länge 34,36 m Spannweite 40,41 m Höhe 11,84 m
Startgewicht max.	70.305 kg
Antrieb	4 x 4.673 PS (3.458 kW) Rolls-Royce-AE-2100D3-Turboprop
Höchstgeschwindigkeit	670 km/h
Reichweite	2.600 km bei max. Zuladung
Dienstgipfelhöhe	9.315 m (30.561 ft)
Besatzung	2 Piloten, 1 Lademeister
Kapazität	92 Kampftruppen, 64 Fallschirmjäger, 54 Passagiere oder entsprechende Frachtbeladung

Zu den Hauptmerkmalen der C-130J zählen die neuen Rolls-Royce-AE-2100D3-Triebwerke mit Sechsblatt-Verbundwerkstoffpropellern und das Digitalcockpit mit vier farbigen Multifunktionsdisplays und einem eigenen Head-up-Display (HUD) für jeden Piloten. Die neue Avionik erlaubt den Zweimann-Betrieb ohne (wie bisher) Flugingenieur und Navigator. Dank der neuen Triebwerke hat die C-130J 40 Prozent mehr Reichweite, fliegt 21 Prozent schneller und benötigt bis zu 41 Prozent weniger Startstrecke.

Der Erstkunde für die C-130J war das Vereinigte Königreich, das sich 1994 für die Beschaffung von 15 gestreckten C-130J-30 und zehn C-130J-Modellen in Standardlänge entschied. Im Folgejahr platzierte die US Air Force ihre ersten Bestellungen. Ein Dash-30-Modell der C-130J ging am 5. April 1996 in die Ersterprobung. Ein anderer, langjähriger Hercules-Betreiber, das US Marine Corps, erteilte daraufhin seinen ersten Auftrag für KC-130J mit Luftbetankungsfähigkeit.

Die ersten Standard-C-130J-Transporter wurden im Januar 1999 an die US Air Force ausgeliefert. Sie beschaffte bald weitere Varianten wie die WC-130J Hurricane Hunter zur Wetteraufklärung oder die EC-130J Commando Solo für die elektronische Kampfführung und psychologische Einsätze.

C-130J Super Hercules

Die California Air National Guard fliegt diese gestreckte C-130J-30 mit der Seriennummer 05-1465. Sie gehört zur 115th Airlift Squadron auf der Channel Islands Air National Guard Station in Oxnard (Kalifornien), einer Einheit der 146th Airlift Wing.

Eine C-130J Hercules nähert sich im März 2017 der Yokota Air Base in Japan. Yokota ist das wichtigste Lufttransportzentrum der US Air Force im Westpazifik für Friedensmissionen und Notfalleinsätze. Zu den Einsätzen zählten in der Vergangenheit taktische Luftlandeoperationen, Airdrop (Abwurf von Lasten), medizinische Evakuierungsflüge, Spezialoperationen und die Beförderung hochrangiger Gäste.

Andere Special-Mission-Flugzeuge für die US Air Force folgten, darunter das Rettungsflugzeug für abgestürzte Piloten, HC-130J Combat King II (als Ersatz für die HC-130N/P), und die MC-130J Commando II, ein Mehrrollen-Einsatztransporter und Tanker für das Air Force Special Operations Command (AFSOC). Die vielleicht radikalste Neuausgabe ist die fünfte Gunship-Variante der Hercules, AC-130J Ghostrider, als Ersatz für die alternde Flotte der AC-130U/W des AFSOC. Die AC-130J kann neben ihrer seitlichen 30-mm-Kanone Waffen wie die AGM-176-Griffin-Rakete oder präzisionsgelenkte Bomben einsetzen.

Das US Marine Corps hatte nie Hercules-Gunships und ließ seine KC-130J für mehrere Einsatzmöglichkeiten umrüsten. Der Harvest HAWK (Hercules Airborne Weapons Kit) erlaubt Nachrichtenbeschaffung, Überwachung und Aufklärung und die Aufrüstung präzisionsgelenkter Waffen, darunter AGM-114-Hellfire- und Griffin-Raketen. Der jüngste militärische C130J-Betreiber in den USA ist die US Coast Guard. Ihre Flugzeuge besitzen spezielle Sensoren, Funkgeräte und Arbeitsplätze für die Seeraumüberwachung über große Entfernungen.

Nach britischen Bestellungen erzielte die C-130J auch bei anderen Exportkunden beachtliche Erfolge. Bis 2020 orderten 24 Betreiber in 20 Ländern die Super Hercules. Über 450 Flugzeuge in aller Welt erbrachten zusammen mehr als zwei Millionen Flugstunden.

EC-130J Commando Solo

Die EC-130J mit der Seriennummer 01-1935 fliegt bei der 193rd Special Operations Squadron. Diese Einheit der Pennsylvania Air National Guard ist auf der Harrisburg Air National Guard Base in Middletown (Pennsylvania) stationiert. Die Commando Solo ist auf psychologische Kriegsführung spezialisiert und kann die Zivilbevölkerung auf vielen Frequenzen erreichen.

Embraer C-390 Millennium

Das brasilianische Unternehmen Embraer nutzte seine große Erfahrung in der Entwicklung von Regionalflugzeugen wie der beliebten E-Serie zum Bau eines Mehrzweck-Transportflugzeugs neuer Generation. Es soll Mobilität und Einsatzflexibilität bei niedrigen Betriebskosten bieten.

Im Gegensatz zu den meisten Flugzeugen seiner Klasse entschied sich Embraer für einen Turbofan-Antrieb anstelle von Turboprops. Damit soll die C-390 nach Herstellerangaben schneller fliegen und mehr Fracht befördern als Konkurrenzprodukte vergleichbarer Größe. Längere Inspektionsintervalle und einfachere Wartung sollen die Einsatzfähigkeit erhöhen und die Lebenszykluskosten senken.

Die C-390 dient in erster Linie dem Transport von Truppen und Material. Zu ihrem Einsatzspektrum gehören aber auch medizinische Evakuierungsflüge, Suche und Rettung, humanitäre Hilfe und die Luftbetankung von Flächenflugzeugen und Hubschraubern.

Die C-390 machte am 3. Februar 2015 ihren Jungfernflug. Erstkunde war die brasilianische Luftwaffe. Sie erhielt im September 2019 das erste von geplanten 28 Exemplaren. Ungarn und Portugal entschieden sich ebenfalls für das Flugzeug.

Die Hauptmerkmale der C-390 sind ein großzügiger Laderaum und hoch sitzende Tragflächen mit Hochauftriebssystemen für kurze Start- und Landebahnen. Der Laderaum bietet Platz für zwei gepanzerte M113-Personaltransporter, einen Sikorsky-Hubschrauber der H-60-Serie, 74 Stretcher mit medizinischer Notausrüstung, bis zu 80 Soldaten oder 66 voll ausgerüstete Fallschirmjäger. Das Cockpit hat ein Enhanced Vision System (EVS) mit Head-up-Displays und Rockwell-Collins-Avionik im Airline-Standard. Das Flugzeug kann als Tanker KC-390 mit zwei Flügelbehältern für die Sonden-Fangkorbbetankung ausgerüstet werden.

C-390 MILLENNIUM

Abmessungen	Länge 35,20 m Spannweite 35,05 m Höhe 11,84 m
Startgewicht max.	72.000 kg
Antrieb	2 x 139,4 kN (31.33V lb) IAE-2500-E5-Turbofan
Höchstgeschwindigkeit	850 km/h
Reichweite	1.080 km bei max. Zuladung
Dienstgipfelhöhe	11.000 m (36.000 ft)
Besatzung	2 Piloten
Kapazität	80 Soldaten, 66 Fallschirmjäger oder entsprechende Frachtbeladung

KC-390

Die brasilianische Luftwaffe, Erstkunde der Millennium, stellte die KC-390 im September 2019 in Dienst. Sie hatte die Beschaffung von 28 Tankern/Transportern zum Ersatz ihrer C-130-Hercules-Flotte angekündigt. Durch Kürzungen im Verteidigungshaushalt reduzierten sich die Auslieferungen im Mai 2021 jedoch auf zwei Flugzeuge pro Jahr, was sich wohl auf die Gesamtzahl auswirken wird.

Boeing C-17 Globemaster III 

Die C-17 wurde als Langstreckentransportflugzeug für die US Air Force entwickelt, das schwere Lasten, Vorräte und Truppen direkt zu kleinen Landeplätzen bringen sollte.

CC-177 Globemaster III

Die C-17A trägt bei der Royal Canadian Air Force die Bezeichnung CC-177 und wurde im August 2007 erstmals an die Canadian Forces Base Trenton (Ontario) ausgeliefert. Das vierte und letzte Flugzeug der Bestellung wurde im April 2008 übergeben. Im Dezember 2014 gab Kanada die Beschaffung einer fünften Globemaster III bekannt, die im März 2015 ausgeliefert wurde.

Der erste C-17-Prototyp absolvierte seinen Jungfernflug am 15. September 1991. Das erste Serienexemplar wurde im Juni 1993 an die Charleston Air Force Base in South Carolina geliefert. Die US Air Force meldete Anfang 1995 ihr erstes C-17-Geschwader einsatzbereit.

Die US Air Force ist mit 223 ausgelieferten Flugzeugen Hauptbetreiber der C-17. Zu den Exportkunden zählen das Vereinigte Königreich, Australien, Kanada, Kuwait, Katar, die Vereinigten Arabischen Emirate und Indien. Die NATO setzt die C-17 im Rahmen der von zwölf Nationen getragenen Strategic Airlift Capability ein und stellt ihre Flugzeuge den Allianzmitgliedern zur Verfügung.

Neben der schnellen, strategischen Lieferung von Truppen und Fracht zu den Hauptdrehkreuzen oder zu Einsatzstützpunkten kann die C-17 auch taktische Lufttransport- und Absetzeinsätze (Airdrop) sowie medizinische Evakuierungsflüge durchführen. Zur üblichen Fracht zählen beispielsweise M1-Abrams-Kampfpanzer, gepanzerte Fahrzeuge, Lastwagen oder Anhänger, die über eine große Heckrampe be- und entladen werden, oder bis zu 102 voll ausgerüstete Fallschirmjäger.

Das Flugzeug ist für den Betrieb von kleinen, einfachen Landeplätzen gebaut. Es kann mit Schubumkehr aller vier Triebwerke auf nur 3500 Fuß (1067 Meter) kurzen Bahnen landen und starten. Die Schubumkehr erlaubt das Rückwärtsrollen am Boden und kann für maximale Sinkgeschwindigkeiten im Flug als Luftbremse dienen. Das moderne Flight Deck ermöglicht den Dreier-Crew-Betrieb mit den beiden Piloten und einem Lademeister.

C-17 GLOBEMASTER III

Abmessungen	Länge 53,00 m Spannweite 50,29 m Höhe 16,79 m
Startgewicht max.	263.083 kg
Antrieb	4 x 179,9 kN (40.440 lb) Pratt-&-Whitney-F117-PW-100-Turbofan
Höchstgeschwindigkeit	818 km/h
Reichweite	4.450 km bei max. Zuladung
Dienstgipfelhöhe	13.716 m (45.000 ft)
Besatzung	2 Piloten, 1 Lademeister
Kapazität	34 Soldaten, 102 Fallschirmjäger, 36 Patienten auf Tragen oder 77.519 kg Frachtbeladung

Boeing 737 AEW&C 

Boeings neuestes Airborne Early Warning and Control AEW&C-Flugzeug (luftgestütztes Frühwarn- und Luftraumüberwachungsflugzeug) basiert auf der bekannten Boeing B737 NG. Sein Erkennungszeichen ist das Multi-Role Electronically Scanned Array (MESA)-Radar von Northrop Grumman in einer feststehenden Antenne über dem Rumpf.

Obwohl sich das MESA-Radar nicht dreht, benutzt es die Active Electronic Scanning Array (AESA)-Technologie zur 360-Grad-Abdeckung. Es hat im Luft- und Seemodus eine Reichweite von bis zu 200 nautischen Meilen (370 Kilometer). Im Vergleich zum älteren E-3 Sentry Airborne Warning and Control System (AWACS) ist die 737 AEW&C deutlich leistungsfähiger und günstiger zu betreiben und benötigt erheblich weniger Personal.

Zusätzlich zu ihrer Überwachungsfunktion kann die 737 AEW&C auch als effizientes Gefechtsführungsinstrument und Kommunikationsknotenpunkt für multinationale Einsatzgruppen und Koalitionsstreitkräfte dienen. Zu den wichtigen Merkmalen des modernen Radars zählt die Schwerpunktüberwachung von Sektoren, die es den Einsatzkräften ermöglicht, sich schnell an veränderte taktische Situationen anzupassen. Durch das Open Mission Systems (OMS)-Design ist die 737 AEW&C schnell für andere Einsätze kompatibel zu machen, zum Beispiel mit dem neuesten taktischen NATO-Gefechtsführungssystem Battle Management Command and Control (BMC2). Das Flugzeug hat eine umfangreiche Selbstschutzausrüstung mit programmierbaren Düppel (Chaff)- und Infrarottäuschkörpern (Flares).

Die Vereinigten Staaten beschafften keine 737 AEW&C. Dafür ging das Flugzeug nach Australien (E-7 Wedgetail), Südkorea, in die Türkei und ins Vereinigte Königreich und war in diesen Staaten schon mehrfach im Einsatz. So setzte die Royal Australian Air Force ihre Wedgetail-Flotte turnusmäßig bei der Bekämpfung von ISIS-Kräften im Nahen Osten ein und stellte mit einem Flugzeug dabei einen Rekord über 17 Stunden und sechs Minuten in der Luft auf.

737 AEW&C

Abmessungen	Länge 33,60 m Spannweite 35,80 m Höhe 12,50 m
Startgewicht max.	77.110 kg
Antrieb	2 x 118 kN (26.527 lb) CFM-International-CFM56-7B24-Turbofan
Reisegeschwindigkeit	853 km/h
Reichweite	6.500 km mit Luftbetankung
Dienstgipfelhöhe	12.500 m (41.000 ft)
Besatzung	2 Piloten, 6–10 Einsatzoffiziere
Kapazität	–

E-7A Wedgetail
Die erste E-7A für die Royal Australian Air Force traf im November 2009 ein und wurde im Mai 2010 in Dienst gestellt. Das sechste und letzte Exemplar ging im Mai 2012 an die RAAF. Die Initial Operational Capability (IOC, Erste Einsatzstufe) wurde im November 2012 erreicht. Die Flugzeuge sind bei der No. 2 Squadron auf der RAAF-Basis Williamtown im Einsatz.

Northrop Grumman E-2D Advanced Hawkeye

Seit Mitte der 1960er-Jahre schützen fortlaufende Varianten der trägergestützten E-2 Hawkeye als Frühwarn- und Luftraumüberwachungsflugzeuge (Airborne Early Warning and Control AEW&C) die US Navy Carrier Battle Group.

E-2D Advanced Hawkeye

Diese E-2D der US Navy mit der BuNo (Bureau Number) 168593 trägt die Abzeichen der Carrier Airborne Early Warning Squadron 126 (VAW-126) Seahawks. Das Flugzeug gehört mittlerweile zur VAW-120. Diese Ergänzungsstaffel bildet Crews für die E-2 Hawkeye und die C-2 Greyhound aus.

Die neueste Version ist die E-2D Advanced Hawkeye. Sie ist Auge und Ohr der Flotte und unterstützt als digitaler Quarterback die Führung komplexer Einsätze wie die Raketenabwehr. In dieser immer wichtigeren Rolle setzt die E-2D den Netzwerkverbund von Sensoren und Waffensystemen (Cooperative Engagement Capability CEC) ein. Er erlaubt die Bekämpfung verschiedener Raketenbedrohungen mit SM-6-Boden-Luft-Raketen in Verbindung mit dem Naval Integrated Fire Control-Counter Air (NIFC-CA).

Das Herzstück der E-2D-Ausrüstung ist das AN/APY-9 Active Electronic Scanning Array (AESA)-Radar von Lockheed Martin, das in einem rotierenden Radom über dem Rumpf untergebracht ist. Es liefert Daten an den neuen Missioncomputer und die taktischen Arbeitsplätze der Avionik-Operatoren. Die E-2D verfügt über ein Glascockpit, ein weiterentwickeltes Freund-Feind-Identifikationssystem und verbesserte elektronische Unterstützungsmaßnahmen. Anders als frühere Hawkeyes kann die E-2D in der Luft betankt werden, was ihre Stehzeit vor Ort auf fünf Stunden und die Gesamteinsatzdauer von vier auf sieben Stunden erhöht.

Das erste Exemplar des E-2D wurde im Juli 2010 an die VAW-120 Greyhawks der US Navy auf der Naval Air Station Norfolk (Virginia) geliefert. Exportkunden wie Ägypten, Frankreich und Japan wollen ihre älteren Hawkeyes durch das neueste D-Modell ersetzen.

E-2D ADVANCED HAWKEYE

Abmessungen	Länge 17,60 m Spannweite 24,56 m Höhe 5,58 m
Startgewicht max.	26.080 kg
Antrieb	2 x 5.100 PS (3.800 kW) Allison/ Rolls-Royce-T56-A-427A-Turboprop
Höchstgeschwindigkeit	626 km/h
Reichweite	2.855 km
Dienstgipfelhöhe	10.575 m (34.694 ft)
Besatzung	2 Piloten, 3 Einsatzoffiziere
Kapazität	–

Berijew A-50 und KJ-2000

Russlands wichtigstes Frühwarn- und Luftraumüberwachungsflugzeug ist die A-50, im Westen bekannt als Mainstay. Ihr Entwurf stammt noch aus dem Kalten Krieg und basiert auf dem bewährten Transportflugzeug Iljuschin Il-76MD.

Ausrüstung und Einbauten der A-50 wurden von Berijew übernommen, wo auch die anderen Flugzeuge ihre Upgrades erhalten. Eine 10-köpfige Crew von Spezialisten bedient die Einsatzavionik. Herzstück ist das Shmel-Radar in einer rotierenden Kuppel über dem Rumpf. Es fasst Luft- und Seeziele auf und erreicht bei hoch fliegenden Zielen in der Größe von Kampfflugzeugen eine Suchreichweite von bis zu 350 Kilometer. Das System verfolgt bis zu 45 Ziele gleichzeitig und leitet bis zu zwölf Jagdflugzeuge im Abfangeinsatz.

Die Entwicklung der A-50 begann Ende der 1960er-Jahre. Der erste Prototyp machte am 19. Dezember 1978 seinen Jungfernflug. Rund 24 Serienflugzeuge wurden fertiggestellt. Eine Handvoll der älteren, jetzt von den russischen Luft- und Weltraumkräften betriebenen A-50 wurden auf den A-50U-Standard gebracht. Berijew arbeitet derzeit am A-50-Nachfolger A-100, einer überarbeiteten Il-76MD-90A mit völlig neuem AESA (Active Electronic Scanning Array)-Radar.

Die erste Version der A-50 mit israelischen Einsatzsystemen ging nach Indien. China entwickelte in dieser Zeit die ähnliche, ebenfalls auf der Il-76MD basierende KJ-2000. Sie verfügt über eine chinesische Einsatzavionik und ist das größte AEW&C-Flugzeug Chinas. Die geringe Verfügbarkeit von Il-76MD verzögerte die Umrüstungen, worauf China das Flugzeug KJ-500 auf Basis der Y-9 herzustellen begann.

A-50

Die russischen Luft- und Weltraumkräfte betreiben noch etwa 17 von 24 der bis Anfang der 1990er-Jahre für die Sowjetunion gebauten A-50. Das Muster wurde erstmals im Juni 1984 in den (sowjetischen) Dienst gestellt. Heute sind die Flugzeuge im 250 Kilometer von Moskau entfernten Iwanowo stationiert. Im Oktober 2011 wurde die erste aktualisierte A-50U wieder in Betrieb genommen.

A-50

Abmessungen	Länge 47,50 m Spannweite 50,54 m Höhe 14,76 m
Startgewicht max.	172.370 kg
Antrieb	4 x 117,7 kN (26.455 lb) Aviadvigatel/Perm-D-30KP-S2-Turbofan
Höchstgeschwindigkeit	765 km/h
Reichweite	7.300 km
Dienstgipfelhöhe	10.200 m (33.464 ft)
Besatzung	2 Piloten, 1 Flugingenieur, 1 Navigator, 1 Funker, 10 Bediener (Radaroffiziere, Offiziere für die Gegenmaßnahmen [ECM] und Fernmeldeverbindungsoffiziere)
Kapazität	–

Kawasaki C-2

Die japanische C-2 ist ein Nachfolger des Kawasaki C-1-Transporters aus der Zeit des Kalten Krieges und wurde dazu entwickelt, in noch größerem Umfang Luftbrückenmissionen bei internationalen Friedenssicherungseinsätzen durchzuführen.

C-2

Nach zwei XC-2-Prototypen gab die Japan Air Self-Defense Force (JASDF) im Jahr 2019 Bestellungen über 13 Serien-C-2 auf. Die beiden Prototypen wurden für Spezialeinsätze umgebaut, einer für elektronische Gegenmaßnahmen und der andere für ELINT-Missionen (Electronic Intelligence).

Die C-2 soll bei der Japan Air Self-Defense Force (JASDF) einen schnellen Einsatz von Truppen und Fracht ermöglichen und Unterstützung bei Naturkatastrophen und anderen Notsituationen leisten. Sie hat mehr Reichweite und Nutzlast als die Vorgängerin C-1, fliegt schneller und verfügt über modernste Technik wie ein taktisches Flugsteuerungssystem, automatischen Lastenabwurf, Selbstschutzausrüstung und Luftbetankungsfähigkeit. Der erste C-2-Prototyp machte am 26. Januar 2010 seinen Jungfernflug. Die JASDF führte das Modell Anfang 2017 bei den Luftstreitkräften ein.

Um Zeit und Kosten zu sparen, kommen Bauteile der C-2 auch beim Seeaufklärungsflugzeug Kawasaki P-1 zur Verwendung. Der Rumpf des Frachtflugzeugs ist allerdings deutlich voluminöser, was besonders ausladende Lasten wie die Patriot-Luft-Boden-Rakete oder den Mitsubishi H-60-Hubschrauber ermöglicht.

Das moderne Cockpit besitzt Head-up-Displays und ein taktisches Flugsteuerungssystem. Es nutzt Fly-by-Wire für den sicheren Tiefflug bei allen Wetterbedingungen. Die C-2 wurde auch als Basis einer Version für elektronische Nachrichtengewinnung verwendet. Aus dem zweiten Prototyp entstand eine einzelne RC-2.

Anders als Muster der Vergangenheit wurden die C-2 (und die P-1) als Konkurrenz zu A400M und Il-76 auch zum Export angeboten. Bis zur Mitte des Jahres 2021 wurden allerdings keine Auslandsverkäufe der C-2 bekannt.

C-2

Abmessungen	Länge 43,90 m Spannweite 40,40 m Höhe 14,10 m
Startgewicht max.	141.400 kg
Antrieb	2 x 265,7 kN (59.740 lb) General-Electric-CF6-80C2K1F-Turbofan
Höchstgeschwindigkeit	980 km/h
Reichweite	4.500 km bei max. Zuladung
Dienstgipfelhöhe	12.200 m (40.000 ft)
Besatzung	2 Piloten, 1 Lademeister
Kapazität	–

Shaanxi Y-9

Die Y-9 wurde schnell zu Chinas taktischem Standard-Transportflugzeug mittlerer Größe. Sie ist eine Weiterentwicklung der Y-8, einer Lizenzversion der sowjetischen Antonov An-12.

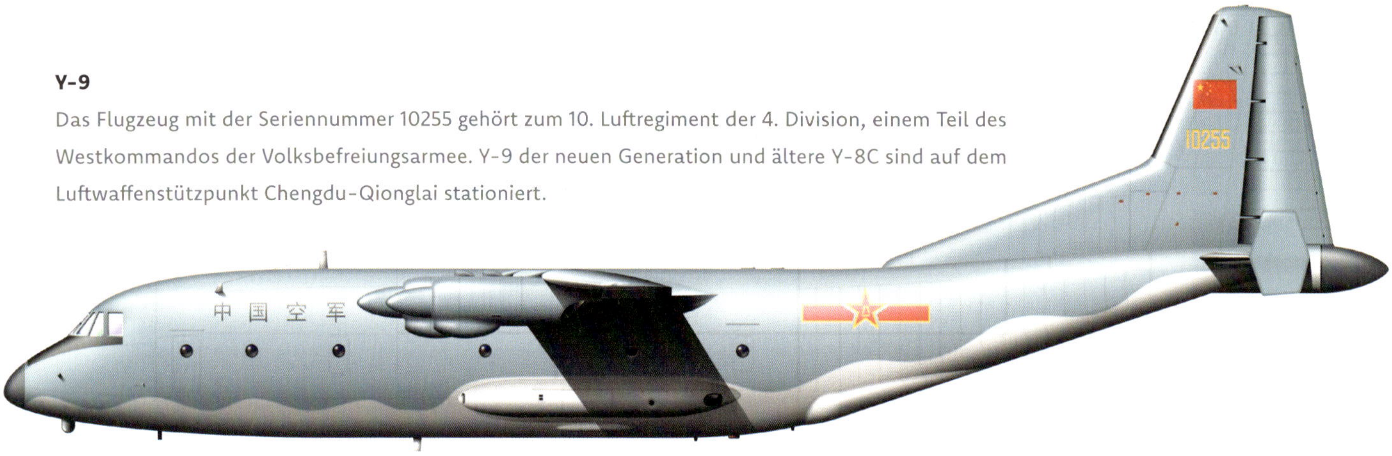

Y-9

Das Flugzeug mit der Seriennummer 10255 gehört zum 10. Luftregiment der 4. Division, einem Teil des Westkommandos der Volksbefreiungsarmee. Y-9 der neuen Generation und ältere Y-8C sind auf dem Luftwaffenstützpunkt Chengdu-Qionglai stationiert.

Das Flugzeug trug zunächst die Bezeichnung Y-8F-600 und erhielt chinesische Avionik und Triebwerke. Westliches Avionik-Know-how und die Mitarbeit der Hersteller Antonov und Pratt & Whitney Canada flossen in die Entwicklung ein. Das neue Flugzeug hat neu gestaltete Flügel und einen veränderten Rumpf, was den Kraftstoffvorrat im Vergleich zur Y-8/An-12 um etwa 50 Prozent erhöht.

Die Entwicklung der Y-9 begann 2005. Der Prototyp absolvierte seinen Erstflug am 5. November 2010. Neben der Standard-Transportversion existieren eine Reihe von Varianten für elektronische Kriegsführung und andere Spezialmissionen.

Die Y-9 ist moderner und leistungsfähiger als ihre Vorgängerin, der verlängerte Frachtraum kann diverse Fahrzeuge, Hubschrauber, Frachtcontainer oder Paletten aufnehmen. Das Flugzeug kann Fracht aus der Luft abwerfen oder bis zu 98 voll ausgerüstete Fallschirmjäger absetzen. Bei medizinischen Evakuierungsflügen bietet der Laderaum Platz für 72 Verletzte plus medizinisches Personal.

Das Vier-Mann-Cockpit bietet sechs Farb-Multifunktionsdisplays und modernste Kommunikationsausrüstung. Das Navigationsradar sitzt unter dem neu gestalteten Bug. Eine Sensorkuppel unter dem Rumpf erlaubt Allwetter-Operationen in geringen Flughöhen. Andere äußerliche Unterschiede zur Y-8 sind kleine, vertikale Stabilisatoren an den Höhenflossen für bessere aerodynamische Eigenschaften bei niedrigen Geschwindigkeiten.

Die Luftstreitkräfte der chinesischen Volksbefreiungsarmee erhielten im Jahr 2012 ihr erstes Serienflugzeug. Auch die chinesischen Heeres- und Marineflieger nutzen inzwischen die Y-9.

Y-9

Abmessungen	Länge 36,00 m Spannweite 38,00 m Höhe 11,30 m
Startgewicht max.	77.000 kg
Antrieb	4 x 5.103 PS (3.805 kW) WoJiang-WJ-6C-Turboprop
Höchstgeschwindigkeit	650 km/h
Reichweite	2.200 km bei max. Zuladung
Dienstgipfelhöhe	10.400 m (34.100 ft)
Besatzung	2 Piloten, 1 Lademeister
Kapazität	106 Fallschirmjäger, 72 Patienten oder 25.000 kg Frachtbeladung

Xi'an Y-20

Die Y-20 kann sich rühmen, Chinas größtes Flugzeug zu sein. Ihre Langstreckenqualitäten mit schweren Lasten stellen für die Luftwaffe der Volksbefreiungsarmee (PLAAF) einen bedeutenden Fortschritt dar.

Die Y-20 (Beiname: Kunpeng, nach einem mythologischen Riesenvogel) sollte die Iljuschin Il-76 der PLAAF ersetzen. In der Entwicklung und Konstruktion Y-20 steckt viel Expertise des ukrainischen Unternehmens Antonov. Das chinesische Flugzeug hat bei ähnlichen Abmessungen wie die Il-76 einen breiteren und höheren Rumpf. Der deutlich voluminösere Laderaum bietet Platz für große Frachtstücke wie den Kampfpanzer Typ 99A2. Der riesige Frachter machte am 26. Januar 2013 den Erstflug. Seine Einführung bei der PLAAF mit der Bezeichnung Y-20A erfolgte im Juli 2016.

In ihrer Grundversion verfügt die Y-20 wie die Il-76 über russische D-30KP-2-Triebwerke. Die neuesten Serienflugzeuge haben chinesische, deutlich sparsamere WS-20-Hochbypass-Turbofan-Triebwerke und Tragflächen mit superkritischen Abschnitten, die den Kraftstoffverbrauch weiter verringern.

Die Y-20 hat im Vergleich zur Il-76 einen höheren Anteil an Verbundwerkstoffen und verfügt standardmäßig über ein modernes, digitales Drei-Mann-Cockpit mit Fly-by-Wire. Für Starts und Landungen auf kurzen Landebahnen oder unwegsamem Gelände haben die Tragflächen der Y-20 Hochauftriebshilfen an den Vorder- und Hinterkanten.

Die Y-20 gibt es mittlerweile auch in einer Prototypversion als Luftbetankungsmaschine. Mehreren Meldungen zufolge dürfte dieses Modell als Basis für ein neues Frühwarn- und Überwachungsflugzeug dienen.

Y-20

Abmessungen	Länge 47,00 m Spannweite 50,00 m Höhe 15,00 m
Startgewicht max.	200.000 kg
Antrieb	4 x 118 kN (26.527 lb) Soloviev-D-30KP-2-Turbofan
Höchstgeschwindigkeit	910 km/h
Reichweite	4.400 km bei max. Zuladung
Dienstgipfelhöhe	13.000 m (24.650 ft)
Besatzung	2 Piloten, 1 Lademeister
Kapazität	300 Soldaten, 110 Fallschirmjäger, 200 Patienten oder entsprechende Frachtbeladung

Y-20

Diese frühe Y-20 mit der Seriennummer 11057 ist beim 12. Luftregiment der 4. Division im Einsatz. Das Flugzeug hat noch die ersten D-30KP-2-Low-Bypass-Turbofan-Triebwerke und ist in Chengdu-Qionglai stationiert.

Transportflugzeug
Boeing C-17A Globemaster III

Quellenangaben

FOTOS

Alamy: 6 (Artem Alexandrovich/Stocktrek Images), 21 (Ann Wang/Reuters), 33 (Abaca Press)
Alert5: 75 (Creative Commons Attribution-Share Alike 4.0 International License)
Allied Joint Force Command: 11
Dreamstime: 19 (Fotogenix), 22 (Illuminativisual), 76 & 92 (Artyomanikeev), 110 (Bogacerkan)
Eurofighter: 7, 27
Shutterstock: 17 (Boris Dianov), 45 (Grapsole79), 51 & 54 (Fasttailwind), 59 (w_p_o_), 91 (Fasttailwind), 95 (InsectWorld), 108 (Ryan Fletcher), 111 (Joseph Thompson)
Stock.Adobe.com: 3 & 124 (Ryan)
U.S. Air Force: 34 (Major Gary), 37 (Master Sgt. Lance Cheung), 40 (Tech. Sgt. Michael R. Holzworth), 41 (Staff Sgt. Joshua R. M. Dewberry), 8 (SRA Greg L. Davis), 71 (Airman 1st Class Duncan C. Bevan), 115 (Yasuo Osakabe)
U.S. Air National Guard: 62 (Staff Sgt. Colton Elliott)
U.S. Marine Corps: 69 (Staff Sgt. Artur Shvartsberg)

ARTWORKS

Amber Books Ltd: 30–31, 66–67, 81 (unten)
Rolando Ugolini: 10–13, 24–29, 34–45, 64–65, 80, 81 (oben), 82–83, 90–91, 94–96, 98–101, 103–105, 111–116, 118, 120
Stuart Fowle: 18–19, 48–53, 56–57, 105
Teasel Studio: 14 – 17, 20–21, 32, 46–47, 55, 58–61, 68–75, 78–79, 84–89, 97, 102, 107, 110, 117, 119, 121–123

Ebenfalls im
Wieland Verlag erschienen

Direktbestellung:
www.wieland-verlag.com

Jan-Peter Brüning

FLIEGER-KAPPMESSER

Waffe ▪ Werkzeug ▪ Tradition

Hardcover, 200 x 240 mm, 240 Seiten, ca. 400 Abbildungen, ISBN 978-3-948264-08-6

EUR 49,90